电力科学与技术发展
——年度报告——
2023

U0385451

面向新型电力系统的数字化前沿分析报告

中国电力科学研究院 组编

中国电力出版社
CHINA ELECTRIC POWER PRESS

图书在版编目（CIP）数据

电力科学与技术发展年度报告. 面向新型电力系统的数字化前沿分析报告：2023 年 / 中国
电力科学研究院组编 . -- 北京：中国电力出版社，2024. 8. -- ISBN 978-7-5198-8796-4

Ⅰ. TM-53

中国国家版本馆 CIP 数据核字第 20245231EE 号

出版发行：中国电力出版社

地　　址：北京市东城区北京站西街 19 号（邮政编码 100005）

网　　址：http://www.cepp.sgcc.com.cn

责任编辑：周秋慧（010-63412627）　鲍怡彤

责任校对：黄　蓓　朱丽芳

装帧设计：赵丽媛　永诚天地

责任印制：石　雷

印　　刷：北京九天鸿程印刷有限责任公司

版　　次：2024 年 8 月第一版

印　　次：2024 年 8 月北京第一次印刷

开　　本：889 毫米 ×1194 毫米　16 开本

印　　张：6.25

字　　数：122 千字

定　　价：90.00 元

编写组

组　长　赵　强

副组长　陈晓怡

成　员　许　婧　岳　芳　陈振宇　张保亮　杨　宁　李仲青

　　　　郑亚先　张大华　陈宋宋　裴微江　王金丽　白　宏

　　　　武亚杰　张宇熙　秦佩恒　赵西君　冯东豪　吴倩红

　　　　刘彦斌　朱昱东　曹　琪　王莉晓　贾鹏飞　朱家运

　　　　郎燕生　耿　建　叶瑞丽　曾　丹　张　烈　李妍霏

　　　　马　潇　张明皓　底晓梦　胡康敏　刁赢龙　曾非同

　　　　胡浩亮　李　琰　龙天航　莫文昊　李　哲　徐静雯

　　　　段祥骏　冯德志　王致芃　范茂松　贾学翠　张玉琼

　　　　康建东　肖　燕　刘章丽　杨晓楠　李　扬　应　欢

　　　　邱意民　王海翔　李　烨　朱琼锋　赵紫璇　秦四军

　　　　王泽彭　余　越　纪　爽　唐　悦　李　然　韩富佳

　　　　陈　盛　樊宇琦　张媛媛　杜舟阳

参编单位

中国电力科学研究院有限公司　国家电网有限公司大数据中心

中国科学院科技战略咨询研究院　中国科学院武汉文献情报中心

访谈与评议专家

冯　威　朱朝阳　孙艺新　肖晋宇　赵勇强　钟小强　郭　剑

唐文虎　蒋莉萍　蔡国田

（按姓氏笔画排序）

当前，世界百年未有之大变局加速演进，科技革命和产业变革日新月异，国际能源战略博弈日趋激烈。为发展新质生产力和构建绿色低碳的能源体系，中国电力科学研究院立足于电力科技领域的深厚积累，围绕超导、量子、氢能等多学科领域，力求在前沿科技的应用与实践上、在技术的深度和广度上都有所拓展。为此，我们特推出电力科学与技术发展年度报告，以期为我国能源电力事业的发展贡献一份绵薄之力。

"路漫漫其修远兮，吾将上下而求索。"自古以来，探索与创新便是中华民族不断前行的动力源泉。中国电力科学研究院始终坚守这份精神，致力于锚定世界前沿科技，服务国家战略部署。经过一年来的努力探索，编纂成电力科学与技术发展年度报告，共计6本，分别是《超导电力技术发展报告（2023年）》《新型储能技术与应用研究报告（2023年）》《面向新型电力系统的数字化前沿分析报告（2023年）》《电力量子信息发展报告（2023年）》《虚拟电厂发展模式与市场机制研究报告（2023年）》《电氢耦合发展报告（2023年）》。这些报告既是我们阶段性的智库研究成果，也是我们对能源电力领域交叉学科的初步探索与尝试。

"学然后知不足，教然后知困。"我们深知科研探索永无止境，每一次的突破都源自无数次的尝试与修正。这套报告虽是我们的一家之言，但初衷是为了激发业界的共同思考。受编者水平所限，书中难免存在不成熟和疏漏之处。我们始终铭记"三人行，必有我师"的古训，保持谦虚和开放的态度，真诚地邀请大家对报告中的不足之处提出宝贵的批评和建议。我们期待与业界同仁携手合作，不断深化科研探索，继续努力为我国能源电力事业的发展贡献更多的智慧和力量。

中国电力科学研究院有限公司

2024 年 4 月

能源是经济社会发展的基础支撑，能源产业与数字技术融合发展是新时代推动我国能源产业基础高级化、产业链现代化的重要引擎，是落实"四个革命、一个合作"能源安全新战略和建设新型能源体系的有效措施。新型电力系统作为新型能源体系的重要组成部分，是实现能源高质量发展的有机载体。以"大云物移智链"等现代信息技术为驱动，实现数字技术与电网业务深度融合，是推动传统电力系统向新型电力系统升级转型的关键路径。提高新型电力系统数字化水平将成为服务数字经济发展、融入数字中国建设的必然趋势，对提升能源产业核心竞争力、助力实现"双碳"目标具有重要意义。

随着能源清洁低碳转型加速推进，新能源大规模高比例并网、分布式电源和微电网广泛接入，电力系统"双高""双峰"特征凸显，"保供应、保安全、促消纳"面临着巨大挑战，亟待运用数字思维，借助数字技术，提高电网资源配置、安全保障、灵活互动能力，破解安全、经济和绿色发展"不可能三角"难题，有效支撑水火风光互补互济、源网荷储协同互动。党的十九届五中全会提出，要推进能源革命，加快数字化发展。2023 年国家能源局发布《国家能源局关于加快推进能源数字化智能化发展的若干意见》，对能源数字化发展提出了具体要求。

当前，数智技术与产业发展加速融合，新型电力系统作为一个多过程、多异质主体构成的复杂巨系统，控制层级多、动态开放性强、特性预测难，需要在共同的数字化描述基础上实现多要素协同运行。以能源技术和数字技术融合应用为核心推动力，以数据作为关键生产要素，以现代能源网络和信息网络为主要载体，赋能数智化坚强电网建设，将助力增强电网气候弹性、安全韧性、调节柔性和保障能力，支撑构建现代能源体系，为传统能源行业的产业升级、业态创新、服务拓展及生态构建注入新动能，在推动质量变革、效率变革、动力变革中持续发力，提升能源高质量发展水平。

《面向新型电力系统的数字化前沿分析报告（2023 年）》凝练了新型电力系统对数字化的新要求，提出了新型电力系统数字化的内涵，结合电网实际业务情况，梳理了数字技术在新型电力系统中的若干典型应用场景；总结了国内外能源电力系统数字化发展历程和重点战略；针对新型电力系统数字化需求，采用文献计量法着重分析传感器、5G、物联网、移动互联网、边缘计算、云计算、大数据、人工智能、数字孪生、区块链 10 大关键数字技术，重点关注技术近五年进展，探讨了上述数字技术在电力系统中的研究前沿与技术布局重点，并对未来新型电力系统关键数字技术的发展提出建议。

本报告在探索新型电力系统中的数字技术应用需求和功能定位，挖掘电网数字化发展潜力方面做了有益的尝试，为新型电力系统数字技术的研究布局提供了参考，有助于国内能源电力行业找准引领数字化技术未来发展的战略领域，加强相关技术自主创新和研究储备，为如何应用数字技术更好支撑新型电力系统发展提供了具体借鉴。

未来，随着"大云物移智链"等数字技术和能源技术的深度融合与广泛应用，能源转型的数字化、智能化特征凸显，数字技术在能源革命战略中的重要作用将得到进一步发挥。在新型电力系统的建设过程中，通过数字技术推动能源"源网荷储"各环节、"发、输、配、用"各领域各要素万物互联，推动技术、数据、场景、生态、产业全链条全方位融合，成为能源行业结构性变革、能源低碳绿色发展的关键支撑。相信随着我国新型电力系统建设深入推进，本报告中提出的观点理念也将在打造数智化坚强电网的实践中不断丰富完善。

中国工程院院士

中国电力科学研究院有限公司名誉院长

2024 年 4 月

近年来，移动互联网、大数据、云计算、物联网等数字信息技术得到迅猛发展，世界各国和企业纷纷开启数字化转型之路。中国在能源革命、数字中国、数字经济等方面做出一系列重大决策部署，在宏观经济发展进入新常态的形势下，建设"数字中国"、发展"数字经济"成为国家战略。习近平总书记在中共中央政治局第三十四次集体学习时强调，发展数字经济是把握新一轮科技革命和产业变革新机遇的战略选择。要充分发挥海量数据和丰富应用场景优势，促进数字技术与实体经济深度融合，赋能传统产业转型升级，催生新产业、新业态、新模式。

新型电力系统是新型能源体系的重要组成部分，是实现能源高质量发展的有机载体。《新型电力系统与新型能源体系》一书中指出，要推动能源技术与现代信息深度融合，探索能源生产和消费新模式。提高电网数字化水平是数字经济发展的必然趋势，也是构建新型电力系统、促进能源清洁低碳转型的现实需要。开展面向新型电力系统的数字化前沿分析，是响应国家能源领域数字化转型，推进能源电力高质量发展和数智化坚强电网建设的战略选择，也是探索数字技术在新型电力系统中的应用并推动其与电网技术深度融合的有益尝试，对提升能源产业核心竞争力、推动能源高质量发展具有重要意义。

本报告凝练了新型电力系统对数字化的新要求，从物理、技术和价值三个层面阐述了对新型电力系统数字化内涵的理解，总结和梳理了国内外能源电力系统数字化发展历程、重点战略和项目布局；围绕传感器、5G、物联网、移动互联网、边缘计算、云计算、大数据、人工智能、数字孪生、区块链10大关键数字技术，采用文献计量法系统研究了上述数字技术的前沿热点和研究态势。基于Web of Science、incoPat等数据库，定量分析2003—2022年全球电力系统关键数字技术的论文和专利产出情况，揭示研究前沿与技术布局重点；结合专家访谈，对未来新型电力系统关键数字技术的发展提出建议。

报告共分为 5 章。

第 1 章阐述了新型电力系统对数字化的新要求及新型电力系统数字化的内涵，并分别从发电侧、输变电侧、配电侧、用户侧、电力市场和碳市场这 5 个环节，列举了 12 个数字技术与电力业务相结合的应用场景。本章由中国电力科学研究院有限公司技术战略研究中心牵头编写，场景部分由中国电力科学研究院有限公司新能源中心、电力系统研究所、配电技术中心、用电与能效研究所、电力自动化研究所等相关研究所提供素材。

第 2 章以美国、日本、欧盟为代表，分析国内外电力系统数字化发展历程，解析重点战略规划和政策，通过文本挖掘、主题识别和主题聚类揭示项目重点布局方向，揭示国内外在能源电力系统数字化的战略部署特点和演变趋势。本章由中国科学院科技战略咨询研究院陈晓怡、秦佩恒、赵西君、曹琪编写。

第 3 章针对电力系统中应用广泛的传感器、5G、物联网、移动互联网、边缘计算、云计算、大数据、人工智能、数字孪生、区块链 10 大关键数字技术，利用论文和专利数据，从科学计量角度揭示全球和中国上述技术的基础研究和技术开发的现状、特征及趋势。本章由中国科学院武汉文献情报中心岳芳、王莉晓、徐静雯、杜舟阳编写。

第 4 章在对国内电力行业和数字化领域 10 位知名专家访谈的基础上，综合分析专家的意见建议，提出新型电力系统数字化发展趋势与发展思路和建议。本章由中国科学院科技战略咨询研究院陈晓怡、秦佩恒、赵西君、曹琪和中国电力科学研究院有限公司许婧合作编写。

第 5 章总结凝练了本报告的主要结论，展望了重点技术的主要发展趋势。本章由中国电力科学研究院有限公司技术战略研究中心和数字化工作部编写。

本报告的编写，得到了国家电网有限公司大数据中心的策划指导和大力支持；国网直属科研单位、网省公司、科研院所及知名高校等单位的专家百忙中参加了访谈，他们的评议和观点为报告增色不少；同时也要感谢报告评审过程中，多位领导和专家的宝贵意见和建议，以及参与报告校对审核的人员。这本报告是集体智慧的结晶，在此向参与报告工作的所有人员表示诚挚的感谢。

"十四五"是碳达峰的关键期、窗口期,数字电力发展是落实国家数字经济和"双碳"战略的必由之路。数字化本身是一项巨大的工程,且涉及多项技术和重大的跨学科问题,希望本报告的发布,能协助推动能源电力数字化的科技创新和推广示范,为建设新型电力系统和构建新型能源体系贡献力量。

编者

2024 年 4 月

概　述

1.1　新型电力系统对数字化的新要求

以新一代数字技术为代表的第四次工业革命向经济社会各领域全面渗透，引领生产方式和经营管理模式快速变革。能源产业与数字技术融合发展是新时代推动我国能源产业基础高级化、产业链现代化的重要引擎，是落实"四个革命、一个合作"能源安全新战略和建设新型能源体系的有效措施。2023 年 3 月国家能源局在《国家能源局关于加快推进能源数字化智能化发展的若干意见》中明确指出，要赋能传统产业数字化智能化转型升级，把握新一轮科技革命和产业变革新机遇。推动数字技术与能源产业发展深度融合，有效提升能源数字化智能化发展水平，促进能源数字经济和绿色低碳循环经济发展，构建清洁低碳、安全高效的能源体系，为积极稳妥推进碳达峰、碳中和提供有力支撑。

随着"双碳"进程加快与能源转型深入推进，传统电力系统正在向清洁低碳、安全充裕、经济高效、供需协同、灵活智能的新型电力系统演进。电网是能源转换利用和输送配置的枢纽平台，以"大云物移智链"等现代信息技术为驱动实现数字技术与电网业务深度融合，是推动电力系统升级转型的关键路径。打造数智化坚强电网是顺应数字化智能化发展趋势，推动传统电网转型升级和高质量发展的迫切需要，是保障电网安全运行和电力可靠供应的迫切需要，是加快能源电力清洁低碳转型的迫切需要，是"双碳"目标下推动新型电力系统建设的必由之路。

新一代数字技术为能源革命向纵深发展开辟了新途径。在能源革命新形势下，能源格局的深刻调整，必将给电力系统带来深刻变化：电源构成由以化石能源发电为主导，向大规模可再生能源发电为主转变；电网形态由"输配用"单向逐级输电网络向多元双向混合层次结构网络转变；负荷特性由刚性、消费型向柔性、产消型转变；技术基础由支撑机械电磁系统向支撑机电、半导体混合系统转变；运行特性由"源随荷动"单向计划调控向源网荷储多元协同互动转变。这些变化对新型电力系统数字化提出了新的要求，主要体现在以下五个方面。

一是范围更广，需要统筹采控装置。新能源的广泛接入使新型电力系统涉及的采集控制对象范围更广、规模更大，而且逐步向配用电侧和用户侧延伸和下沉。大量对象单点容量低、位置分散，需要统筹采集测控装置的管理，优化配置策略，提升采集测控的有效性。

二是环节更多，需要融合全量数据。新型电力系统源网荷储各环节紧密衔接、协调互动，海量对象广泛接入、密集交互，打破了原来传统电网依赖于分环节、分条块数据应用的边界，需要统筹汇聚、应用全网的采集测控数据，来应对新能源出力不确定性带来的平衡等一系列的问题。

三是时效性更强，需要保障实时交互。新型电力系统业务的开展，建立在源网荷储全环节海量数据实时汇聚和高效处理的基础上，对数据采集、传输、存储、应用提出了更高的时效性要求，需要统筹提升感知采集频率以及计算算力、网络通道和安全防护，共同提供支撑。

四是随机性更高，需要强化控制手段。新型电力系统的电源侧和负荷侧均呈现强随机性，对电网的安全稳定运行提出了更高的要求，需要统筹优化拓展现有控制方式，应用多种控制策略、控制渠道，建立灵活、可靠、经济的控制手段。

五是服务更多元，需要实现电碳并重。新型电力系统的采集控制，在支撑电力系统安全稳定运行的同时，也要服务国家"双碳"目标落地，需要统筹电、碳数据采集和相关应用需求，支撑碳监测、碳核查和碳交易等应用。

1.2 新型电力系统数字化内涵

1 核心目标

以数字技术为驱动力，以企业统筹为根本遵循，以数据为核心要素，充分继承已有信息化成果，打造精准反映、状态及时、全域计算、协同联动的新型电力系统数字技术支撑体系，统筹电力系统各环节感知和连接，强化共建共享共用，融合数字系统计算分析，提升电网"可观、可测、可调、可控"能力，促进源网荷储碳数等要素协同互动，助力新能源消纳和安全稳定运行，为电网赋智、为业务赋能，构建形成数智化坚强电网，高质量推进新型电力系统建设。

2 内涵属性

新型电力系统数字化的内涵可以从物理、技术和价值 3 个层面来理解。

在物理层面，新型电力系统数字化建设的基础是以特高压和超高压为骨干网架，以各级电网为有力支撑的实体电网。实体电网的基础设施及其在电力生产、传输及消费过程中产生的各类数据信息构成了新型电力系统数字化的物理基础。新型电力系统数字化将实现实体电网和数字系统融合，打造覆盖电网全过程与生产全环节的数字化基础设施，充分发挥数据要素和计算推演作用，以更经济、更合理、更有效的方式实现实体电网在数字空间的实时动态呈现、模拟和决策。

在技术层面，新型电力系统数字化建设的关键是数字技术。依靠强大算力资源，结合精准数据采集和静态网络拓扑，以大数据、云计算、物联网、移动互联网、人工智能、区块链等新一代数字技术为核心驱动力，将数字技术、先进信息通信技术与可再生能源友好接入、与源网荷储协调控制等能源电力技术深度融合，发挥信息系统云端化、平台化、智能化的技术优势，构建智能数据推演算法，促进数字电力系统对实体电网主动增强作用的发挥，推进数字技术在源网荷储协同互动、电力交易、清洁能源消纳等方面的创新应用，不断提高电网数字化、网络化、智能化水平，加快推动传统电力系统从刚性向灵活韧性的新型电力系统转变，提高电网的气候弹性、安全韧性、调节柔性和保障能力。

在价值层面，新型电力系统数字化对管理模式进行升级调整，数智赋能赋效系统性提升协同合作、资源配置、监控分析和运营服务等能力，注重业务模式优化、管理模式变革，坚持价值再造和技术一体化推进。以数字技术驱动业务重塑、管理优化，改进电网运营模式和管理方式，激发生产组织模式和互动方式活力。

3 基本特征

新型电力系统数字化的基本特征是精准反映、状态及时、全域计算和多元协同。

精准反映。整合新型电力系统各环节电网设备、拓扑等数据，统一源网荷储对象数据标准，精准反映实体电网站线变户关系和位置信息，实现数字电网对实体电网的准确映射，提升可观测、可描述能力。

状态及时。基于物联感知和分析计算，全面提升新型电力系统各环节状态及时感知能力，实现用户侧分钟级采集与精准控制，满足各环节对象灵活控制的需要。

全域计算。统筹数字化基础资源，站在系统性、全局性视角，实现对新型电力系统全环节、全业务提供计算服务，支撑各类资源在更大空间、更大时间范围内的优化配置。

多元协同。基于开放平台架构，推动全局能力共建共享共用，构建互动生态，推动源网荷储协同互动和市场主体的广泛参与。

4　实现功能

通过"大云物移智链"等先进数字技术和能源技术深度融合应用，构建的数智化坚强电网，将具备数智赋能赋效、电力算力融合、主配协调发展、结构坚强可靠等重要功能。

数智赋能赋效。数字化、智能化技术手段将推动能源电力产业各环节转型升级，在电源侧助力提升新能源预测精度和设备运行控制水平，在电网侧实现运行状态全景感知和智慧灵活调控，在负荷侧实现海量分布式资源柔性互联与协同管理，在储能侧构建高安全、低成本、智能化的储能应用新业态。

电力算力融合。在大规模新能源并网、大量分布式资源、多类型负荷接入场景下，电力系统不确定性和随机性显著增加，数据规模急剧扩大，面向电网全业务环节计算推演需求的一体化算力体系逐步形成，数据要素价值充分释放，切实服务电力系统安全经济高效运行。

主配协调发展。逐步形成"跨区域大电网＋省级坚强电网＋主动配电网＋多能微网"兼容协同模式，主网大规模远距离资源配置的平台功能进一步深化拓展，配电网可观可测、可调可控能力有效提升，多层级电网分别实现资源互济、安全支撑、灵活响应、就地平衡等多重价值。

结构坚强可靠。优化电源结构和电网格局，构建分层分区、结构清晰、安全可控、灵活高效、适应新能源占比逐步提升的电网网架，保证电网结构强度，保持必要的灵活性和冗余度，具备与特高压直流、新能源规模相适应的抗扰动能力和灵活送受电能力。

1.3　电力系统数字技术应用场景

为了应对新型电力系统建设带来的挑战，需要在"可观、可测、可调、可控"的基础上进一步深化，以云计算、大数据、物联网、移动互联网、人工智能、区块链等新一代数字技术为核心驱动力，聚焦电网数字化、智能化，增强电网气候弹性、安全韧性和调节柔性，以数据流引领和优化电网能量流、业务流，运用数字系统理论推动运行控制体系优化、重构，基于数字技术特性提升电网的全域互联、高效感知能力，加快推动传统电力系统从刚性向灵活韧性的新型电力系统转变。围绕新型电力系统"源网荷储用"业务场景，分别从发电侧、输变电侧、配电侧、用户侧、电力市场和碳市场这 5个环节，列举了 12 个数字技术与电力业务相结合的应用场景。

1.3.1　发电侧场景

场景一：新能源功率预测

基于人工智能及大数据分析的数字化在线预测系统能实现新能源资源与运行数据的实时采集、处理和存储，提升新能源基础数据质量，并且利用大数据、人工智能手段，突破现有预测技术思路，转变预测服务模式，构建新能源集中在线预测服务模式，不断提高新能源预测精度，扩展构建包含极端天气、低出力过程、保障出力新对象的保供预测体系，提升新能源对系统平衡支撑能力。

场景二：新能源优化运行与辅助决策

新能源出力具有随机性和波动性，围绕能源互联网下促进新能源消纳问题，从新能源数据准备、不同类型能源运行特性建模、消纳问题求解等方面开展研究，构建新能源消纳与调度辅助决策平台，构建省级新能源大数据分析决策平台，实现新能源多时空尺度运行数据的存储，为消纳运行决策提供数据支撑，统筹安排能源互联网中电、冷、热、气不同能源形式的相互配合作用，实现新能源出力与其他能源形式及负荷、储能等的互补和友好互动，增加系统灵活调节资源与调节能力，有效促进电力资源的统一优化配置并提升新能源消纳水平。

场景三：电化学储能电站智能运维

电池的运行工况、使用环境、所处的寿命阶段等因素均对其当前状态有显著影响，可能会导致个别电池或电池组长期处于深度充放电状态，缩短使用寿命。个别电池环境温度过高，不仅影响整个电池组的寿命，也会使安全隐患大大增加。依靠人工运维的方式效率低下，采用大数据分析技术，能够分析储能电池的状态变化规律和一致性，识别高安全风险电池，提升储能电站运行的安全可靠性。在此基础上，采用人工智能建模方法，实现储能系统能量状态、健康状态、剩余寿命等参数的实时评估，为储能电站的精准调控提供支撑。应用数字技术对电池储能系统进行周期性运维，及时识别系统存在的异常、故障和安全风险并进行处置，对一致性差异较大的电池进行均衡维护，可以提高电池储能系统的能量利用率，提升电化学储能电站的运行效率、安全可靠性和智能化水平。

1.3.2　输变电侧场景

场景一：基于数字孪生的安全稳定分析

基于数字孪生的安全稳定分析包括数字孪生电网模型构建、仿真及分析决策。通过在数字空间中构建实时性、高保真度的数字映射，无限逼近物理空间，形成电网的数字孪生体，其具有可观测、可描述、可预测、可互动的特性，可实现虚实同步和闭环互动。由于电网规模庞大，新能源大规模接入和直流输电跨区联网，电力系统运行工况复杂多变，导致仿真校核的故障和运行工况急剧增多。为应对这种挑战，采用基于超算的电力系统仿真云计算技术，攻克大规模机电—电磁混合仿真、超算资源共享和云计算服务等关键难点。在传统电网安全稳定分析方法基础上，结合量测技术、建模技术、高性能计算技术、机器学习和人工智能等技术，实现对电网的增强智能分析和控制，并向各级调度提供远程云计算服务的能力。通过多类型、多尺度、多手段建模，以及建设基于超算技术的电力仿真专用系统，提升输变电网仿真分析与控制决策的精度，实现对电网的增强感知、增强认知，以及对电网运行方式的海量快速仿真分析。

场景二：新型电力系统源网荷储智能调控

新型电力系统的典型特征是从以确定性可控连续电源为主体的系统演进为以强不确定性随机波动电源和多元负荷为主体的系统，现有以大机组为主的调控对象将向海量负荷侧资源拓展，各层级调度对象数量、监控信息规模呈指数级增长，电网运行不确定性显著增强。同时大规模的分布式调控对象时空特性不一，导致混合整数非凸优化模型求解难且计算时间长，难以快速生成源网荷储调控策略，实现可再生能源高效消纳。要实现可再生能源、柔性负荷、储能与电网的灵活互动，需要进一步扩大信息感知的范围，提升从电网一次到二次设备、从高压主网到低压电网、灵活可控负荷、外部环境、气象数据等信息汇集存储、融合关联分析能力。源网荷储状态感知方面，利用已有量测数据，结合大数据、机器学习等数据挖掘技术在数字空间开展计算推演，在不增加量测设备投入情况下，快速提升电网实时状态感知能力。源荷波动精准预测方面，在大型集中式新能源场站和母线、区域负荷预测应用场景中，采用传统确定性源荷预测技术预测精度较高；配电网中分布式源荷有较强的波动性和不确定性，需要采用概率源荷预测技术，支撑配电网调度策略的合理生成。源网荷储智能调度方面，利用深度强化学习根据实际设备运行数据和物理意义，通过知识引导优化离散变量，实现大规模可控设备策略快速生成。

场景三：输电线路立体智能巡视及防灾减灾

综合应用现场感知装置及智能巡检设备，运用先进传感、移动互联、人工智能等先进物联技术，通过自主可控、安全可靠的芯片、模组、算法等原始创新应用，对输电线路本体、通道及环境状态等参数进行全息感知，逐步建立以"无人机自主巡检＋通道可视化"为主，气象监测、杆塔倾斜、导线舞动、风偏、弧垂、微风振动、泄漏电流等线路本体及通道监测信息融合汇聚，以移动巡检、直升机航巡、卫星遥感等技术手段为辅，人工智能图像识别为支撑的精益立体巡检模式，构建基于远程集中监控的、以输电全景监控平台和高压电缆精益管理平台为基础的全域监测预警体系，实现输电线路运行状态透明化、诊断决策智慧化，实时掌握通道状况，及时了解通道隐患，实现线路运行的"可控、能控、在控"，确保线路安全稳定运行。

无人机巡检具有飞行审批繁琐、受地形和气候限制大等不足，在非适航区、无人区和极端气象条件下的通道巡视可利用卫星遥感技术，通过定期获取输电通道内亚米级分辨率光学遥感影像，实现对复杂环境下输电通道内外破、异物、树障等典型环境隐患的大范围、高精度、少人化的定期普查和环境隐患状态变化的动态感知，结合气象卫星、雷达卫星、红外遥感影像等多源遥感数据可实现极端气象条件下电网典型灾害的应急监测预警，有效提升电网防灾减灾水平。

1.3.3　配电侧场景

场景一：配电网运行风险评估

开展基于数字孪生的配电网运行风险评估及预警，改变传统配电网运行风险事故发生应对模式，实现基于数字孪生技术的配电网运行一体化监测分析、运行风险评估、运行风险预警和风险信息应用等功能。通过数字孪生体，融合配电网人资、设备、运行监测等数据，生动、直观、实时地体现监测、异常、推断细节，推动配电网多专业一体化业务运营；结合配电网并/离网运行机制，基于数字孪生技术数理、机理模型融合应用的模式实现基于监测数据、设备分布、监测盲区的三类运行风险评估模式，提升风险评估的全面性、精准性和及时性；考虑配电网拓扑、设备分布及人力分配现状，构建时序性预警及源荷储反向控制机制，提升配电网应急管控可观、可测水平，保障配电网可靠运行。

场景二：配电物联网

配电物联网是传统工业技术与物联网技术深度融合产生的一种新型电力网络形态，通过配电网设备间的全面互联、互通、互操作，实现配电网的全面感知、数据融合和智能应用，进而推动配电侧能源流、业务流、数据流的"三流合一"，满足配电网精益化管理需求，支撑能源互联网快速发展。从应用形式上看，配电物联网的应用具有终端即插即用、设备广泛互联、状态全面感知、应用模式升级、业务快速迭代、资源深度融合等特点。在配电物联网示范区内可实现台区状态全景监测和故障停电精准研判等多场景模式应用，拓展了电能质量分析、分布式光伏管理、电动汽车有序充电等应用场景，构建了以融合终端为核心的"云—管—边—端"配电物联网体系，为配电网数字化转型与新型电力系统配电侧应用提供了实践与发展路径探索。

1.3.4　用户侧场景

场景一：用户资源互动调节

新能源发电具有随机性、间歇性、波动性特征，大规模新能源接入新型电力系统后，导致电力供需平衡困难、频率稳定问题突出，仅靠传统电厂的调节能力难以应对，必须挖掘用户侧灵活资源的调节潜力。虚拟电厂通过"云边协同＋物联网技术＋人工智能"技术，可聚合点多、面广、单体容量小的用户侧灵活资源，实现全时段"可观、可测、可调、可控"，并聚合成整体参与电网调峰、调频、调压、备用、阻塞消除等辅助服务和电能量交易，促进新型电力系统源、网、荷、储互动运行；精细化负荷管理依托泛在感知技术，动态监测用户用能行为、设备状态、用能信息等多项参数，基于统一信息模型实现多样化系统和设备的互联互通，利用多能源互补耦合、灵活资源聚合调节等核心算法，可以实现用户资源的高效利用；智能车网互动作为技术与经济性可行、潜在资源丰富的调节手段，能够有效强化新能源消纳保障，有望在新型电力系统建设中发挥强化关键作用。通过发展虚拟电厂、精细化负荷管理、智能车网互动等新技术，聚合并协调需求侧灵活资源参与电力系统运行，可大幅提升电力系统的可靠性、灵活性和经济性。

场景二：综合能源系统智能运维

综合能源系统智能运维技术面向含冷、热、电、气等多种能源类型的综合能源系统及装备，提供数据监控、状态估计、状态评价、优化运行、故障预警、数据分析与报告等运维服务功能。数据监控，通过传感器和监测设备实时采集各种能源设施的运行数据，如电流、电压、水位、气体浓度等，将数据汇总并呈现在系统的监控界面上，方便操作人员监视能源设施的运行状态。状态估计，通过采集的量测量优化求解系统状态量，获取系统运行状态，通过分析不同运行方式及典型工况下系统状态量变化规律进行量测误差校准，建立状态估计模型。优化运行，根据实时数据和预测模型，对能源设施的运行进行优化，以系统能效或经济性为目标，提供各设备分配出力策略。利用传感器、数字孪生、大数据分析等数字技术，监测、控制和优化各种能源设施的运营和维护，帮助用户实现智能化、精细化、安全化的能源管控。

1.3.5 电力市场和碳市场场景

场景一：电力市场运营

结合新型电力系统特征，以及未来"双碳"目标下的电力行业政策形势变化，梳理未来电力市场演化形态。针对以高比例新能源为主体的市场发展趋势，提出各层次、各品种市场高效协同的顶层设计框架，健全多层次统一的电力市场体系、关键市场机制和边界条件。建设电力市场运营数字化平台，构建电力市场运营场景，支撑各类型电源、售电公司、用户及储能、虚拟电厂等新兴主体灵活接入各层级市场，实现对多元市场主体参与市场等政策机制的模拟分析，考虑不同政策机制的市场运营效果进行分析对比的功能，充分发挥市场价格机制引导作用，实现电力资源在更大范围内共享互济和优化配置。

场景二：碳—电市场协同

电力行业的低碳化转型，不仅需要解决电力系统源网荷储各环节要素的技术问题，也需要构建碳—电协同的交易机制和市场体系。当前亟需开展碳—电市场协同场景研究，引导电力行业包括发电企业、售电公司、分布式电源、电力用户、虚拟电厂等在内的市场主体参与碳市场交易，构建碳—电市场联合优化仿真平台，设计激励相容的碳市场政策机制，合理引导新型电力系统碳减排技术与资源的优化配置。

2

国内外能源电力系统数字化战略规划及项目布局

2.1　国内外能源电力系统数字化战略规划

　　本节分析美国、日本、欧盟和中国等重点国家和区域的能源电力系统数字化战略规划，从长时间尺度全面梳理不同国家和地区能源电力系统数字化发展的历程，解析重点战略规划和政策，揭示国内外在能源电力系统数字化战略方面的部署特点和演变趋势。

2.1.1　美国

1　重点战略规划分析

　　美国是"智能电网"概念最早的提出者，也是最早的践行者。21 世纪以来，美国出台了很多具有影响力的电力系统数字化战略规划，清晰地确立了美国电力数字化的战略目标、发展方向和主要内容。2003 年，美国布什政府推出了《电网 2030——美国电力系统的下一个一百年国家发展愿景》，提出了"电网现代化"的目标，主要通过技术创新和可持续性措施，推动美国实现更加现代化、智能化和可靠的电力系统。2005—2006 年，美国能源部（Department of Energy, DOE）国家能源技术实验室负责发起"现代电网计划"，目的是细化电网现代化愿景，并力争在全国范围内达成共识。2015 年，美国政府提出了"电网现代化倡议"（Grid Modernization Initiative, GMI）。随后在该倡议的框架下，DOE 发布了《电网现代化多年计划》。2020 年 12 月，DOE 对电网现代化的倡议和计划进行了更新，发布了《更新后的电网现代化倡议 2020 战略》。这些战略规划明确了美国电力系统数字化、智能化和现代化发展的方向和目标，如表 2-1 所示。

表 2-1　美国能源电力系统数字化重点战略规划分析

战略名称	主要内容	发布时间
《电网 2030——美国电力系统的下一个一百年国家发展愿景》	在输电端，到 2030 年 100% 的电力通过智能电网来传输；在配电端，2020 年建立智能的、自动化的配电网结构，2030 年使用超导电缆和设备等	2003.07

战略名称	主要内容	发布时间
《电网现代化多年计划》	未来电网将解决无缝集成传统和可再生能源、储能以及集中式与分布式发电等问题。未来电网需具备六个属性：弹性、可靠性、安全性、可负担性、灵活性和可持续性，并划分为六个技术领域：设备和集成系统测试；传感和测量；系统运行、潮流和控制；设计和规划工具；安全和弹性；机构支持	2015.11
《电网现代化法案》	支持开展与电网现代化相关的项目和方案，从而提高未来电网的性能和效率，同时确保持续提供安全、可靠和可负担的电力。在 2018—2027 年间每年授权财政部长拨款 2.5 亿美元支持电力存储等电网现代化项目	2018.02
《更新后的电网现代化倡议 2020 战略》	将电网现代化的技术领域扩展为 8 个：发电；设备和集成系统；系统运行、潮流和控制；传感和测量；设计和规划工具；弹性；安全；机构支持	2020.12

资料来源："GRID 2030" A National Vision for Electricty's Second 100 Years；Grid Modernization Multi-Year Program Plan；Grid Modernization Updated GMI Strategy 2020；Grid Modernization Act.

2 电力系统关键数字技术及应用场景

美国电力系统数字化是在电力生产、传输和消费等各个环节数字技术的应用基础上取得的。《电网现代化多年计划》提出的 6 大技术领域需要传感、大数据、云计算等数字技术的支持，如传感和测量技术领域需要传感器技术；设计和规划工具致力于开发优化电网性能的分析模型，需要充分利用大数据和云计算等技术。《更新后的电网现代化倡议 2020 战略》提出了传感技术、5G 通信、量子信息和加密、人工智能 / 机器学习、无人机等技术，应用于检测初始故障、检测和预测分布式能源系统行为、支持新一代新兴技术、增强传感系统的弹性、监控关键基础设施等场景。美国能源电力系统关键数字技术及应用场景见表 2-2。

表 2-2　美国能源电力系统关键数字技术及应用场景

战略名称	关键技术	主要活动和场景
《电网现代化多年计划》	大数据	开发开源工具，从电力系统同步相量测量装置、智能电表、线路传感器和数据采集系统等大型流数据中提取用于模型开发和验证的信息；开发自动化工具和数学算法，以建立复杂的数据驱动模型，分析电压和频率的变化
	传感和测量	制定实现完整电力系统可观测的路线图；改善设备、建筑物和终端用户的传感；增强配电系统的传感能力；增强输电系统的传感能力；开发数据分析和可视化技术

续表

战略名称	关键技术	主要活动和场景
《电网现代化多年计划》	云计算	开发建模和分析应用程序，减少解决复杂电网建模问题的时间，扩展分析场景的复杂性和数量，为分析和代码开发提供数据存储库，并提高现有工具的性能；为下一代电网应用开发中小型计算平台等
《更新后的电网现代化倡议2020战略》	人工智能	检测初始故障；检测和预测分布式能源行为；监控关键基础设施；基于人工智能的工具管理充电负载，以防止潜在的配电拥塞或变压器过载
	数字孪生、人工智能	使用人工智能深度学习方法来检测复杂的、以前未知的事件，并部署适当的响应行动
	传感、物联网、新型测量	支持在所有可预测的情况下实现国家关键基础设施和服务的不间断电力供应
		检测和预测分布式能源行为；动态监测基于逆变器的分布式能源、依赖天气的可变可再生能源、灵活负载及其对电网的影响

2.1.2　日本

1　重点战略规划分析

　　2010年1月，日本经产省下设的"新能源国际标准化研究会"发布《智能电网国际标准化路线图》，官方正式提出了"智能电网"的概念，路线图中确定了输电系统广域监控系统、电力系统用蓄电池、配电网管理、需求侧响应、需求侧用蓄电池、电动汽车、先进测量装置共七大重点技术领域。2011年3月11日大地震爆发后，核电大面积关停，日本政府和电力行业开始高度重视智能电网的发展。2011年6月，日本正式提出了"日本版智能电网"。此后，日本启动了多个智能电网试点项目，以测试先进的电力管理和分布技术。这些试点项目包括实验性的微电网、电动车充电基础设施和分布式能源系统等。2018年和2021年，日本先后发布《第五期能源基本计划》和《第六期能源基本计划》，提出能源发展目标——要实现脱碳与保障能源安全稳定供给，其中对电力系统安全、高效、经济的运行提出要求，并提出到2030年可再生能源发电占比达到36%～38%。日本能源电力系统数字化重点战略规划分析见表2-3。

表 2-3　日本能源电力系统数字化重点战略规划分析

战略名称	发布时间	相关内容
《第五期能源基本计划》	2018.07	利用需求响应促进高效能源供应： 通过控制消费侧需求来确保供需平衡。把智能电表引入所有家庭和办公室； 为利用需求响应和虚拟电厂的新型商业模式（能源聚合业务）创造环境，并通过管理需求，确保合理的发电量和稳定供应； 利用人工智能、物联网等新兴技术，帮助建立基于需求响应的新型分布式电力系统，提高供需预测能力，优化电厂运行
		克服电网局限性，确保调节能力： 充分利用虚拟电厂、固定蓄电池、热电联产、V2G等调节手段，确保电网调节能力可适应太阳能和风能等可再生能源的大量接入，根据波动性进行调整
		推进电力体制改革： 建立具有保障供应和适度调节能力的电力市场； 利用人工智能和物联网等新的数字技术，优化输配电系统以适应跨地区电力交易和可再生能源发电的增长
		建立本地生产、本地消费的分布式能源系统： 根据区域热电联产特点提供全面的能源供需管理，包括太阳能发电、燃料电池、电动汽车、固定蓄电池等； 支持建设并推广家庭、社区等用户侧的能源管理系统
《第六期能源基本计划》	2021.10	确保能源的整体经济效益： 在降低脱碳技术成本之外，通过人工智能、物联网等新技术，全面节约能源，加强供需预测，优化电厂运行，提高运行效率。克服电网局限性，保障电力调节能力，提高电力系统灵活性
		最大限度接入可再生能源： 制定电网和储能系统等分布式能源的总体规划，组合各种资源，提高电力系统的灵活性
		克服电网局限性： 针对可再生能源接入需求加强输配电系统； 针对可再生能源发电波动性，加强蓄电池等调节手段； 利用逆变器和数据分析技术等保障电网稳定
		在脱碳目标下实现电力稳定供应： 开发下一代智能电能表； 进一步扩大蓄电池在家庭和商业中的应用，提高电网调节能力

2　电力系统关键数字技术及应用场景

　　日本在《第五期能源基本计划》和《第六期能源基本计划》中提出加强人工智能、物联网等数字技术在电力系统中的应用，主要应用于预测电力供需、优化电厂运行、可再生能源并网等场景，见表2-4。

表 2-4　日本能源电力系统关键数字技术及应用场景

战略名称	关键技术	主要活动和场景
《第五期能源基本计划》	人工智能、物联网、大数据	扩大以需求侧为主导的分布式能源系统； 能源供需管理系统； 虚拟电厂； 家用电器等高耗能设备的节能控制； 改善供需预测； 优化电厂运行
《第六期能源基本计划》	人工智能、物联网	扩大以需求侧为主导的分布式能源系统； 下一代能源管理系统：住宅等建筑物电力供需与能源使用控制； 提高新型火力发电运行和维护效率
	云计算	提升能源管理系统性能
	区块链	创造交易市场

2.1.3　欧盟

1　重点战略规划分析

为实现欧盟气候目标、降低碳排放、实现能源转型，从 20 世纪 90 年代初至 2009 年，欧盟制定了"三代能源改革方案"，通过立法确定了欧盟今后的能源战略。此后，欧盟委员会又相继出台了《能源 2050 路线图》《2030年气候与能源框架协议》和《战略能源技术计划》等政策文件，确保欧盟的能源系统向低碳化、可持续化发展，这些为欧盟未来能源电力技术发展指明了方向。

自 2022 年俄乌战争后，为减缓地缘政治紧张局势对能源市场的影响，欧盟在能源政策、发展规划和研发计划上做出了很多调整，先后发布《REPowerEU 能源转型行动方案》《能源系统数字化行动计划》《2022—2025年综合能源系统研发实施计划》及《欧盟支持能源系统标准化》等多项规划及法案。特别是 2022 年 10 月，欧盟委员会发布"能源系统数字化行动计划"，在该计划中，将"智能电网"放到突出位置，强调发展有竞争力的数字能源服务市场、建设完善的数字能源基础设施，以期通过对能源系统的深度数字化改造，减少欧盟对俄罗斯化石燃料的依赖，提高能源的有效利用，促进可再生能源并入电网。同时，欧盟委员会还将促进能源数据共享，提高数字电力基础设施投资。

欧盟委员会及其下属组织欧洲能源转型智能网络技术与创新平台（ETIP SNET）、欧洲输电运营商联盟（ENTSO-E）、配电运营商联盟（EDSO）等制定的一系列战略规划、技术路线图等为欧洲地区能源系统数字化转型指明了方向，并提供了法律保障和资金支持等。在欧盟能源系统全面数字化转型过程中，人工智能、数字孪生、云计算等技术已成为实现数字化转型的关键。欧盟能源电力系统数字化重点战略规划分析见表 2-5。

2 电力系统关键数字技术及应用场景

2022 年，欧洲能源转型智能网络技术与创新平台（ETIP SNET）公布《2022—2025 年综合能源系统研发实施计划》。该实施计划将投入 10 亿欧元围绕 9 大应用场景实施 31 项研发创新优先项目。其中，在发电侧、输变电和用户侧等多个应用场景中涉及人工智能、物联网、云计算、大数据、数字孪生等数字技术，见表 2-6。

2.1.4 中国

1 重点战略规划分析

中国电力系统的数字化开始较早，最早由国家电网、南方电网、华能集团等公司发起推动。如国家电网早在 2006 年就提出全系统实施"SG186 工程"规划，南方电网和华能集团也分别于 2006 年和 2008 年提出了《"十一五"信息规划》和《中国华能信息化规划》。进入"十二五"规划后，中央政府开始关注推动电力系统的信息化，特别是"十三五"后，电力系统数字化建设进入加速期，新一代数字技术赋能电力系统转型成为趋势。2015 年 8 月，国务院印发《促进大数据发展行动纲要》，提出统筹规划能源等领域的大数据基础设施建设。2018 年中央经济工作会议指出要加强人工智能、工业互联网、物联网等新型基础设施建设。《数字中国建设发展报告（2017 年）》总结指出以人工智能、大数据、云计算为代表的网络信息技术正加速与新能源技术等交叉融合。

进入"十四五"以来，构建新型电力系统成为发展重点，电力系统进入深度数字化阶段。2021 年 3 月中央财经委员会第九次会议首次提出构建新型电力系统，这是能源电力转型的必然要求，也是实现"双碳"目标的重要途径，为新时代能源电力发展指明了科学方向。2022 年 1 月发布的

表 2-5 欧盟能源电力系统数字化重点战略规划分析

战略规划	发布机构	发布时间	发展目标	重点发展方向
《2050 年愿景——为能源转型集成智能能源网络：网络技术与创新平台服务社会并保护环境》	欧洲能源转型智能能源转型集成智能能源网络：网络技术与创新平台	2018.06	实现综合数字化能源系统，应对能源体系和市场演变中的创新挑战，实现气候保护和可再生能源、可负担性和供应安全的一体化	智能电网在能源转型中的关键技术领域和方向：可再生能源并网、数字化和自动化技术、智能电网与物联网储能技术、智能电网的安全和韧性、智能电网与物联网技术
《REPowerEU 能源转型行动方案》	欧盟委员会	2022.05	提高能源利用效率，减少对化石燃料的依赖，发展可再生能源，降低能源系统的碳排放量，促进能源安全和可持续发展。到 2030 年，该计划需要耗资 3000 亿欧元。其中，290 亿欧元用于电网	节能并提高能效；能源供应多样化。进一步推进欧盟能源平台建设；加速清洁能源转型，在发电、工业、建筑和交通领域大规模扩大可再生能源的使用；加强能源系统规划与管理。提高能源调度和管理的智能化水平
《能源系统数字化行动计划》	欧盟委员会	2022.10	发展有竞争力的数字能源服务市场和数字能源基础设施，使其具有智能电网安全、高效和可持续性。2020—2030 年合计投入 5840 亿欧元用于电网系统数字化改造，其中预估 4000 亿欧元用于配电网改造，其中 1700 亿元用于数字智能物联网设备、电表、5G/6G、数字孪生等	促进能源数据的连接、互操作性和无缝交换；促进和协调对智能电网的投资；在数字创新的基础上提供更好的服务，让消费者参与到能源转型中来；确保一个网络安全的能源系统；确保信息和通信技术的增长不断增长的能源需求与欧洲绿色协议相一致；为研究和创新提供有效的治理和持续支持

面向新型电力系统的数字化前沿分析报告（2023 年）

表 2-6 欧盟能源电力系统关键数字技术及应用场景

环节	应用场景	描述	研发创新优先项目	数字技术
发电侧、输变电侧	优化跨部门集成和电网级储能	跨部门集成和储能的价值	虚拟电厂的市场设计；提高电网络弹性的运营措施（拓扑优化、分布式能源资源运营，移动分布式能源资源）	可能涉及智能计量技术、信息通信技术、云计算
		智能资产管理	状态监测和预防性维护；远程维护模型和工具	可能涉及人工智能、大数据、信息通信、云计算
输变电侧	市场驱动下输电系统运营商、配电系统运营商和电系统运营用户的交互作用	通过控制和运营增强输电系统运营商、配电系统运营商和系统运营用户之间的交互作用	集成大数据管理相关技术；支持需求侧控制和聚合分布式发电的信息通信技术基础设施；用于监测分布式发电的信息通信技术基础设施；开发为输电系统运营商的信息通信能源管理平台	人工智能、大数据、信息通信技术
		开发输电系统运营商—配电系统运营商合作平台	用于监测分布式发电的信息通信技术基础设施；支持需求侧控制和聚合的信息通信技术基础设施	信息通信技术
	促进消费者参与能源系统的数字技术解决方案	设计安全的即插即用设备和物联网	利用物联网技术进行监测和控制；支持需求侧控制和聚合的信息通信技术；为智能电器提供信息通信技术	物联网、信息通信技术、人工智能
用户侧	跨部门灵活性解决方案	跨部门灵活性使用案例	住宅部门提供的需求侧灵活性；工业提供的需求侧灵活性；增强热电机组/工业行业集成供热/制冷和储能的灵活性潜力；家庭/建筑的系统灵活性作用（包括热电联产）	可能涉及云计算、物联网、大数据、人工智能
	所有系统中电力电子设备的安全运行	电力电子驱动网络的输配电仿真方法和数字孪生	输电、配电系统运营商的先进模拟；先进入机接口；能源系统的数字孪生；变流器驱动型电网稳定性模型和工具	数字孪生、人工智能
输变电侧、用户侧	下一代输电系统运营控制室	下一代输电系统运营控制室	输电、配电系统运营商的先进模拟；先进入机接口；优化跨境互联维护调度等	数字孪生、人工智能
	增强系统监督和控制（包括网络安全）	配电网下一代测量技术和地理信息系统	智能电表数据的安全使用公共信息通信基础设施；为智能电网提供公共信息通信基础设施、物联网和地理信息系统；远程维护模型和工具	可能涉及物联网、人工智能、信息通信技术、数据建模

资料来源：《2022—2025 年综合能源系统研发实施计划》

20

《"十四五"数字经济发展规划》中，明确提出要加快推进能源等领域基础设施数字化改造。2022 年 3 月《"十四五"现代能源体系规划》中提出，能源产业数字化初具成效，智慧能源系统建设取得重要进展。2023 年 2 月，《数字中国建设整体布局规划》中提出，在能源等重点领域加快数字技术创新应用，引导行业领军企业开发数字化转型解决方案。2023 年 6 月，国家能源局组织发布的《新型电力系统发展蓝皮书》中提出，新型电力系统具备安全高效、清洁低碳、柔性灵活、智慧融合四大重要特征，其中，智慧融合是基础保障。在国家层面相继出台的一系列指导意见及规划中，都将电力系统的数字化转型列为行动重点。

不仅如此，国有企业数字化转型提上了日程。2020 年国务院国资委办公厅下发了《关于加快推进国有企业数字化转型工作的通知》，明确要求打造能源类企业数字化转型示范。从起初的大型国有电力企业推动信息化建设，到中央政府推动新一代数字技术赋能能源电力革命，再到电力市场改革深入推进，我国电力系统数字化取得显著成效。表 2-7 列举了中国能源电力系统数字化重点战略规划。

2 电力系统关键数字技术及应用场景

数字技术的引入，给能源电力系统带来了深远变革，我国一直在不断探索电力系统数字化和智能化。2023 年国家能源局专门出台了《国家能源局关于加快推进能源数字化智能化发展的若干意见》，提出能源电力系统的三大共性技术突破，包括能源装备智能感知与智能终端技术突破、能源系统智能调控技术突破及能源系统网络安全技术突破，需借助人工智能、数字孪生、物联网、区块链、传感、新型通信等数字技术。2023 年 6 月，国家能源局发布《新型电力系统发展蓝皮书》，提出智慧融合是构建新型电力系统的必然要求，应推进"云大物移智链边"等先进数字技术在电力系统各环节广泛应用。中国能源电力系统关键数字技术及应用场景见表 2-8。

2.1.5 特点与趋势

智能电网是电力系统数字化转型战略的重要组成。为推动新型电力系统的数字化转型，美国、日本、欧盟及中国都将智能电网作为新型电力系统数字化转型的重要战略之一。如美国将智能电网作为实现经济复苏的战略性基础设施，日本计划在 2030 年全面普及智能电网，欧盟发布"能源系统数字

表 2-7 中国能源电力系统数字化重点战略规划分析

战略规划	发布时间	发布机构	重点发展方向	具体内容
《"十四五"数字经济发展规划》	2022.01	国务院	优化升级数字基础设施	支持在电网实现 5G 网络深度覆盖；加快推进能源领域基础设施数字化改造
			充分发挥数据要素作用	鼓励创新新数据开发利用模式
			大力推进产业数字化转型	加快推动智慧能源建设应用，促进智能化升级；实施电厂、电网、终端用能等领域数字化建设与改造，工艺流程的数字化建设与改造，推进微电网等智慧能源技术试点示范应用
			着力强化数字经济安全体系	加强能源行业关键信息基础设施网络安全防护能力
《"十四五"现代能源体系规划》	2022.03	国家发展改革委、国家能源局	推动能源基础设施数字化	加强新一代信息技术、人工智能、云计算、区块链、物联网、大数据等新技术在能源领域的推广应用；积极开展电厂、电网设备设施、工艺流程智能化升级；建设智能调度体系
			建设智慧能源数据中心	鼓励建设各级各类能源数据中心
			实施智慧能源示范工程	智慧能源系统数字孪生平台、数据中心示范；智慧风电、智慧光伏、智慧水电、智慧电厂、智能电网
《数字中国建设整体布局规划》	2023.02	国务院	夯实数字中国建设基础	建设源网荷储协同的新型电力系统
			全面赋能经济社会发展	在能源等行业领域加快数字技术创新应用；引导行业企业开发数字化转型解决方案
			畅通数据资源大循环	推进企业数据分类分级确权授权使用；重点推进电力等行业数据双化协同转型
《国家能源局关于加快推进能源数字化智能化发展的若干意见》	2023.03	国家能源局	数字化智能化支撑新型电力系统建设	推动实体电网数字呈现、仿真和决策，探索人工智能及数字孪生在电网智能辅助决策和调控方面的应用；加快新能源微电网和高可靠性数字配电系统发展，配电智能运维体系建设；推动变电站智能运检、输电线路智能巡检、加快新能源负荷预测精度和新型电力负荷智能管理水平提高

续表

战略规划	发布时间	发布机构	重点发展方向	具体内容
《国家能源局关于加快推进能源数字化智能化发展的若干意见》	2023.03	国家能源局	以数字化智能化用能加快能源消费环节节能提效	聚焦传统高载能工业负荷、电动汽车充电网络、智能楼宇等典型可调节负荷，提升绿色用能多渠道智能互动水平
			以新模式新业态促进数字能源生态构建	推动新能源汽车融入新型电力系统，鼓励车网互动、光储充充放等新模式新业态发展
			推动多元化应用场景试点示范	挖掘拓展数字化智能化应用，重点在智能电厂、新能源及储能并网、输电线路智能巡检及灾害监测、智能变电站、自愈配电网、智能微网、氢电耦合、分布式能源智能调控、虚拟电厂等应用场景组织示范工程
《新型电力系统发展蓝皮书》	2023.06	国家能源局	建设新型智慧化调度运行体系	① 建设新一代调度运行技术支持系统； ② 建设大电网仿真分析平台； ③ 构建新型有源配电网调度模式；
			推动电网向能源互联网升级	④ 创新应用"云大物移智链边"等技术； ⑤ 加强电网资源共性服务能力建设； ⑥ 加快信息采集、感知、处理、应用等环节建设； ⑦ 强化新型电力系统网络安全保障能力
			打造安全可靠的电力数字基础设施	⑧ 推进电力系统和网络、计算、存储等数字基础设施融合升级； ⑨ 深化电力系统数字化平台建设应用，推动源网荷储协同互动、柔性控制
			构建能源电力数字经济平台	⑩ 推动各级各类能源云平台建设； ⑪ 加强能源电力数据网络设施建设，打造电力市场服务生态体系

表 2-8　中国能源电力系统关键数字技术及应用场景

战略名称	数字技术	场景
《国家能源局关于加快推进能源数字化智能化发展的若干意见》	人工智能、数字孪生、物联网、区块链等技术	与能源产业融合；应用于电网智能辅助决策和调控方面
	新型通信技术、感知技术	与能源装备终端融合
	传感技术	应用于智能传感能源装备
《新型电力系统发展蓝皮书》	云计算、大数据、物联网、移动互联网、人工智能、区块链、边缘计算、数字孪生、工业互联网等数字技术	在电力系统源网荷储各侧逐步融合应用
	大数据、云计算、5G、数字孪生、人工智能等技术	加快升级智慧化调控运行体系，满足分布式发电、储能、多元化负荷发展需求

化行动计划"，都将智能电网放到了突出位置。

　　低碳减排是电力系统数字化转型的长远目标。美国、日本、欧盟和中国都围绕低碳减排目标，提出了能源系统绿色转型的具体政策，其中包括电力系统的数字化转型战略布局。如欧盟委员会发布《能源系统数字化行动计划》，希望通过改变能源政策框架推动从化石燃料向清洁能源的转变，实现绿色转型目标。

　　数字技术将与电力系统深度融合。美国、日本、欧盟都把人工智能、大数据、物联网、云计算、数字孪生等数字技术充分应用于电力能源系统，促进了分布式能源和微电网的兴起，改变了传统电网集中式、放射式的能源供应模式，使定制化的能源解决方案成为趋势。未来，随着数字技术的不断涌现，未来电力系统的技术布局将更加先进、更加智能。

　　全环节的数字技术运用是支撑电力系统数字化转型的关键。先进的数字技术是推进电力系统数字化的关键手段。美国、日本、欧盟及中国都将数字技术全环节融入作为战略重点，如美国政府在《电网 2030—美国电力系统的下一个百年国家发展愿景》中，明确提出要重点部署智能电表、智能开关、传感器和高级计量基础设施等，通过这些技术创新和可持续性措施，不断推动美国电力系统实现现代化和智能化。

　　电网智能化应用场景将会更加丰富。数字技术应用的深化和泛化将会使电网智能化的场景更加丰富，在智能配电、智能计量、智能监控、智慧储能、智能充电等现有场景的基础上，持续扩大应用范围。未来，应用场景将继续扩大到源网荷储各环节以及输配电系统运营商和系统用户交互作用等各领域。

安全和隐私保护将成为电力系统数字化的关注点。智能电网能够为能源存储、响应需求管理、实时交互等提供必要的技术支撑和平台支持，涉及大量的设备和数据传输，源于终端设备、网络设备、数字化平台的网络安全和数据安全隐患，可能会导致电力公司出现重大经济损失，甚至给人们的生活造成严重影响。保护用户的数据和电力系统的安全已经受到各国的普遍重视。

2.2　国内外能源电力系统数字化项目布局

本节分析美国、日本、欧盟和中国等重点国家和区域的电力系统研发项目，基于 2015 年以来美国能源部（DOE）、日本新能源产业综合开发机构、欧盟研发框架计划、中国国家重点研发计划重点专项的项目数据，通过文本挖掘、主题识别和主题聚类揭示项目重点布局方向、关键数字技术的应用现状与主要场景等，呈现各国电力系统项目的数字化发展特点。

本节重点分析的新型电力系统关键数字技术包括传感器、5G、物联网、移动互联网、边缘计算、云计算、大数据、人工智能、数字孪生、区块链等。

2.2.1　美国

1　GMI 项目概况

DOE 在电网现代化倡议（GMI）下，于 2016 年开始资助电力现代化项目，旨在开发未来电网所需的测量、分析、预测、保护和控制的概念、工具和技术，创建应对未来挑战的现代化电网。GMI 项目设立 8 个技术领域（见表 2-9），分别是网络安全和物理安全、发电、系统设计和规划工具、弹性、测量和数据分析、分布式能源、系统运行和控制、机构支持和分析。

表 2-9　美国 GMI 项目技术领域

技术领域	英文名称	具体描述
网络安全和物理安全	Cybersecurity and physical security	保护电网免受网络和物理威胁，确保安全运行
发电	Generation	优化发电系统，支持清洁能源接入，提高能源生产效率

续表

技术领域	英文名称	具体描述
系统设计和规划工具	System design and planning tools	开发电网规划设计工具，以适应未来电网需求
弹性	Resilience	加强电网抗灾能力等
测量和数据分析	Measurement and data analysis	提高各部分测量和数据分析能力，优化电网运行和控制
分布式能源	Distributed energy resources	集成太阳能和风能等分布式能源，提高电网可靠性和效率
系统运行和控制	System operations and control	优化电网运行和控制，应对能源供需变化和异常情况
机构支持和分析	Institutional support and analysis	为电网现代化政策和规划提供技术支持和分析

项目资助概况。2016 年至 2023 年 8 月期间，DOE 先后在 2016 年❶、2019 年、2023 年分 3 批资助了 132 个电力现代化项目，共计投入 4.09 亿美元，每个项目资助周期为 3 年。2016—2023 年美国 GMI 项目资助概况见图 2-1。

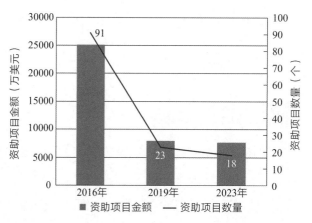

图 2-1　2016—2023 年美国 GMI 项目资助概况

从资助项目数量（见图 2-2）和资助金额分布（见图 2-3）来看，系统运行和控制、分布式能源、系统设计和规划工具这 3 个技术领域得到的支持最多。

❶ 注：DOE 在 2017 年对 2016 年项目进行了补充资助，在此我们将其纳为 2016 年批次。

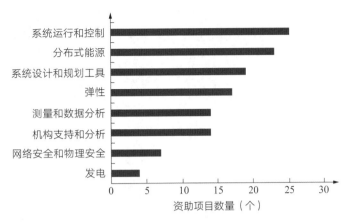

图 2-2　2016—2023 年美国 GMI 项目技术领域分布

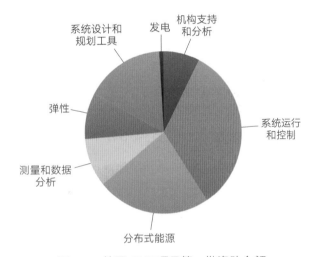

图 2-3　美国 GMI 项目第一批资助金额

2　GMI 项目重点布局方向

对 GMI 历年资助项目在不同技术领域的数量占比进行分析，揭示其布局方向演变趋势：

以聚合分布式能源，提高电网的安全、弹性和效率为发展重点；连续 7 年持续支持弹性、测量和数据分析、分布式能源、机构支持和分析 4 个技术领域；2019 年后高度重视电网的网络安全和物理安全。图 2-4 给出了美国 GMI 项目 2016—2023 年布局方向的演变。

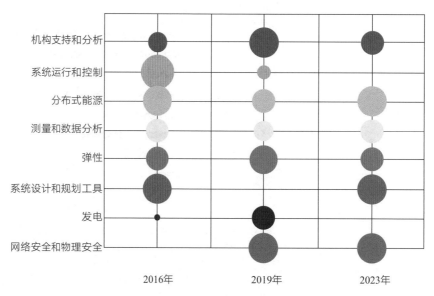

图 2-4　美国 GMI 项目布局方向演变图

3　GMI 项目数字技术及应用场景

　　通过矩阵热力图展示 GMI 项目中所涉及的数字技术及其应用场景，如图 2-5 所示。纵轴代表项目所涉及的关键数字技术，横轴代表项目的应用场景，每个方格中的数字代表使用该数字技术的项目数量，方格颜色越深代表使用该数字技术的项目数量越多 ❶。

　　数字技术分析。通过对 GMI 历年资助项目内容的文本挖掘与分析，发现 22 个项目明确提及数字技术的应用，占比 17%，分别涉及传感器、大数据、人工智能、数字孪生、边缘计算、区块链和云计算 7 个技术，其中人工智能应用于所有技术领域中。

　　数字技术应用场景分析。数字技术应用于 GMI 项目所有技术领域，其中测量和数据分析、网络安全和物理安全、弹性 3 个领域应用数字技术较多，对其涉及的电力应用场景进行分析，可发现：

　　（1）测量和数据分析领域大量应用了传感器和人工智能技术，主要应用场景为配电网风险运行评估、可再生能源数据测量校准、综合能源系统运行维护等；

---

❶ 注：各国电力项目的数字技术及其应用场景图均采用矩阵热力图呈现，关于矩阵热力图的说明在后文中不再赘述。

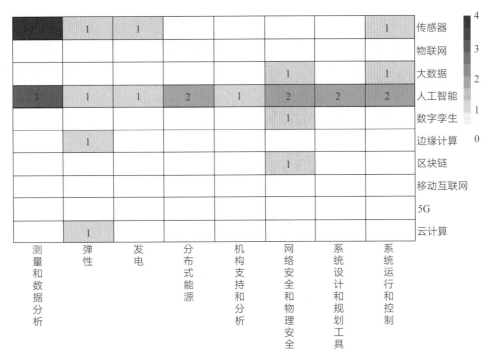

图 2-5　美国 GMI 项目数字技术及其应用场景

（2）网络安全和物理安全领域应用人工智能、大数据、数字孪生和区块链技术，主要应用场景为优化安全和能源管理、抵御网络威胁等；

（3）弹性领域应用传感器、人工智能、边缘计算、云计算技术，主要应用场景为综合能源协同优化、电力系统智能调控、电网弹性设计和恢复软件等。

2.2.2　日本

1　NEDO 项目概况

日本新能源产业技术综合开发机构（NEDO）是日本最大的公立研发机构，也是日本新型电网项目的主要负责机构。NEDO 自 1980 年成立以来，一直致力于新能源技术的开发，并在近年来受日本《第五期能源基本计划》和《第六期能源基本计划》的指导，尤其自 2019 年以来，大力支持下一代电网稳定性等相关项目，并通过海外示范项目积极将日本的先进技术向其他国家推广。

在 NEDO 成果报告数据库 ❶ 中检索电网相关项目，获得 2015—2022 年

---

❶ 注：NEDO 为更好地公开和分享其研究成果，建立了成果报告数据库，用于公开 NEDO 实施项目的成果报告。

共 172 个项目，其中 110 个具有直接相关性。这些项目主要包括：①"大规模接入可再生能源的下一代电网稳定性技术"：研究分布式能源系统优化、微电网等；②"引领智能电网发展的电力电子技术"：开发用于输配电的下一代电力转换器；③"应对电力系统输出功率波动技术"：研发可变可再生能源并网控制技术；④"分布式能源下一代电网建设"：旨在探索适应分布式能源的未来智能电网；⑤"降低高性能、高可靠性光伏发电技术成本"：研究光伏模块性能与发电成本之间的关系；⑥"能源效率技术提升"国际示范项目：通过国际合作推广日本能源效率提升技术，为电力系统绿色转型提供解决方案。

下一代电网稳定性技术和分布式能源控制技术是日本近期部署的重点。最新项目由 NEDO 在 2022 年 6 月启动。"以可再生能源为主要电源"项目 ❶ 实施周期为 2022—2026 年，2022 年度投入 15.4 亿日元（约合 7691 万元人民币）。项目资助两大主题：①提供虚拟惯性的储能变流器（PCS）应用技术开发。针对以配电系统为主要对象的电流控制方式和电压控制方式的虚拟惯性储能变流器，开发兼具惯性功能和独立运行检测功能的设备。②电动机和发电机组合的应用技术开发。开发连接可再生能源和储能电池的电动机—发电机装置，可在系统发生事故时保证电力系统的稳定供应。"缓解电力系统拥堵的分布式能源控制技术开发"项目 ❷ 旨在开发增强分布式能源系统灵活性的技术，实施周期为 2022—2024 年。将开发一个控制平台，将分布式能源资源聚合器、可再生能源发电和输配电网连接起来，准确掌握和分析运行状态，改善电力拥堵，增强可再生能源并网能力。当输电线路由于可再生能源输出而拥堵时，通过聚合器调整分布式能源的运行而减少流入输电系统的电量，进而避免电网拥堵。

2 NEDO 项目重点布局方向

对日本 NEDO 电网项目进行关键词提取、主题识别和聚类，形成如下主题聚类图 ❸，如图 2-6 所示，可以发现：

---

❶ 再エネの主力電源化に向け、次々世代の電力ネットワーク安定化技術の開発に着手. https://www.nedo.go.jp/news/press/AA5_101550.html
❷ 電力系統の混雑緩和のための分散型エネルギーリソース制御技術開発に着手. https://www.nedo.go.jp/news/press/AA5_101552.html
❸ 注：主题聚类图基于项目摘要中提取的关键词，根据关键词之间的相关性进行聚类，并由分析师结合领域专家的意见对主题进行命名，可客观反映项目的布局热点。

图 2-6　日本 NEDO 电网项目重点布局方向

　　NEDO 电网项目重点布局配电系统、可再生能源发电、储能、分布式能源系统、智慧用能管理、微电网、智能配电网、网络安全、智能社会共 9 个方向。

　　分布式能源控制（尤其是光伏发电并网）、电网稳定性（尤其是配电网的稳定性）、智能社会等是发展重点。

3　NEDO 项目数字技术及应用场景

　　日本 NEDO 项目数字技术及其应用场景见图 2-7。

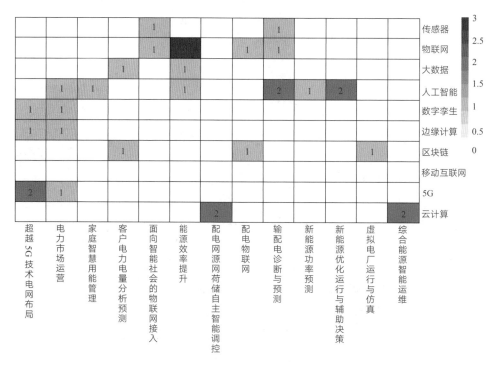

图 2-7　日本 NEDO 项目数字技术及其应用场景

　　数字技术分析。通过对 NEDO 项目内容的文本挖掘与分析，发现 11 个项目明确提及数字技术的应用，占比 10%，分别涉及传感器、物联网、大数据、人工智能、数字孪生、边缘计算、区块链、5G 和云计算 9 个技术，其中人工智能、物联网和云计算技术应用较为广泛。

　　数字技术应用场景分析。对数字技术涉及的电力应用场景进行分析，可发现：

　　（1）人工智能技术主要应用于新能源优化运行、新能源功率预测、输配电诊断预测等场景和智慧用能场景；

　　（2）物联网技术主要应用于提高能源效率、构建配电和用电物联网等场景；

　　（3）云计算技术主要应用于综合能源智能运维和配电网智能调控的场景。

2.2.3　欧盟

1　欧盟框架计划电网项目概况

　　欧盟高度重视电力系统数字化发展，除发布能源系统数字化等一系列战略规划外，通过欧盟研发框架计划（简称欧盟框架计划）大力支持电网数字化等项目。

欧盟框架计划是欧盟最主要的科研资助计划。欧盟建有专门的数据库Cordis，提供欧盟研发项目的全面检索。在数据库中对电网相关项目进行检索和数据爬取，2015 年以来共获得 624 个项目，其中 467 个具有直接相关性。涉及欧盟资助金额 23.985 亿欧元。

欧盟框架计划电网项目资助概况见图 2-8。从图中可以看出，从资助项目数量和资助金额来看，2016 年、2017 年和 2019 年欧盟对电网相关项目的支持力度较大。

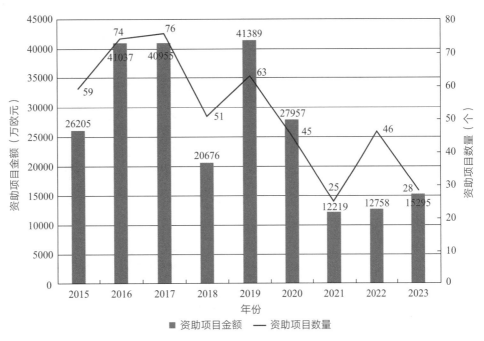

图 2-8　欧盟框架计划电网项目资助概况

欧盟最新的项目部署来自 2023 年 3 月发布的《2022~2031 年综合能源系统研发路线图》，计划投入 45 亿欧元围绕 9 大应用场景实施 63 项研发创新优化项目。其中市场驱动下输电系统运营商、配电系统运营商和产销合一者的交互作用，建筑、区域和工业过程灵活性，所有系统中电力电子设备的安全运行，促进消费者参与的一站式和数字技术解决方案等场景突出数字孪生、大数据、人工智能、物联网等技术的应用。

2　欧盟项目重点布局方向

欧盟框架计划电网项目重点布局方向见图 2-9。通过对欧盟框架计划电网项目的关键词提取、主题识别和主题聚类，发现项目重点布局如下方向：低成本高效能源系统、多能源协同、电网稳定性、电网灵活性与安全性、配电系统、电网智能管理控制、智能社会、综合能源系统、储能。

图 2-9　欧盟框架计划电网项目重点布局方向

电网的灵活性与安全性、低成本高效的能源系统、电网运行与管理控制是欧盟项目的发展重点。此外，电、气、热等多能源协同是欧盟的特点。

3　欧盟项目数字技术及应用场景

欧盟框架计划电网项目数字技术及其应用场景见图 2-10。

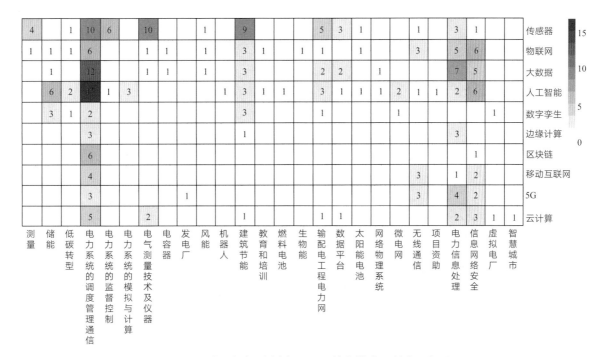

图 2-10　欧盟框架计划电网项目数字技术及其应用场景

数字技术分析。通过对欧盟项目内容的文本挖掘与分析，发现 163 个项目明确提及数字技术的应用，占比 35%，分别涉及传感器、物联网、大数据、人工智能、数字孪生、边缘计算、区块链、移动互联网、5G 和云计算 10 个技术，其中人工智能、传感器、大数据和物联网技术应用较为广泛。

数字技术应用场景分析。对数字技术涉及的电力应用场景进行分析，可发现：

从场景角度来看，电力系统的调度管理通信场景对数字技术需求最大，10 个数字技术都应用了，其中人工智能和大数据技术使用最多；其次是电力信息处理场景，对大数据、物联网技术使用较多；信息网络安全场景，对物联网、人工智能、大数据技术使用较多；电气测量场景，对传感器等技术使用较多。

从技术角度来看，人工智能技术主要应用于电力系统的调度管理通信、信息网络安全和储能等场景；传感器技术主要应用于电力系统的调度管理通信、电气测量和建筑节能等场景；大数据技术主要应用于电力系统的调度管理通信、电力信息处理和信息网络安全等场景；物联网技术主要应用于电力系统的调度管理通信和信息网络安全等场景。

2.2.4 中国

1 智能电网相关重点专项概况

我国在"十三五"规划提出积极构建智慧能源系统，适应分布式能源发展、用户多元化需求，优化电力需求侧管理，加快智能电网建设，提高电网与发电侧、需求侧交互响应能力。推进能源与信息等领域新技术深度融合，统筹能源与通信、交通等基础设施网络建设，建设"源-网-荷-储"协调发展、集成互补的能源互联网。在"十四五"规划提出构建现代能源体系，加快电网基础设施智能化改造和智能微电网建设，提高电力系统互补互济和智能调节能力，加强源网荷储衔接，提升清洁能源消纳和存储能力，提升边远地区输配电能力，推进煤电灵活性改造，加快抽水蓄能电站建设和新型储能技术规模化应用。

在五年规划的指导下，科技部在"十三五"时期和"十四五"时期先后发起国家重点研发计划"智能电网技术与装备"重点专项、"储能与智能电网技术"重点专项等项目。

"智能电网技术与装备"重点专项以推动智能电网技术创新、支撑能源结构清洁化转型和能源消费革命为目标，侧重于布局共性关键技术。2016—2020 年，专项重点部署了大规模可再生能源并网消纳、大电网柔性互联、大规模用户供需互动用电、多能源互补的分布式供能与微网、智能电网基础支撑技术共 5 个研究方向。

"储能与智能电网技术"重点专项的总体目标是：保证未来高比例可再生能源发电格局下电力供应的安全可靠性、环境友好性、经济性和可持续发展能力，推动我国能源转型整体目标的实现，为实现 2030 年"碳达峰"和 2060 年"碳中和"的战略目标，提供坚实的技术支撑。2021—2022 年重点部署了中长时间尺度储能技术、短时高频储能技术、高比例可再生能源主动支撑技术、特大型交直流混联电网安全高效运行技术、多元用户供需互动用电与能效提升技术、基础支撑技术等研究方向。

"智能传感器"重点专项围绕智能传感基础及前沿技术、传感器敏感元件关键技术、面向行业的智能传感器及系统、传感器研发支撑平台共 4 个研究方向。其中高灵敏 MEMS 磁敏感元件及传感器等部分技术可应用于电力行业。

国家重点研发计划智能电网相关重点专项支持的电网数字化项目主要有"电力物联网关键技术"项目、"数字电网关键技术"项目等。"电力物联网关键技术"项目由国家电网公司牵头承担，重点针对泛在电力物联网关键技术及典型应用开展研究，具体研究泛在电力物联网体系架构、新型传感器、多参量物联终端、海量异构物联终端智能管控等技术，以及设备故障智能感知与诊断、源网荷储自主智能调控、综合能源自治协同与多元服务等电力物联网智能应用。"数字电网关键技术"项目由南方电网公司牵头承担，重点面向数字电网建设的重大需求，针对数字电网中信息采集、传输及应用中的关键技术开展研究，深度融合边缘计算、5G、数字孪生、深度学习和知识图谱等先进数字技术与能源电力技术，在边缘计算核心元器件与装置、融合5G 的电力通信系统、电网数据中台、在线智能调度与诊断系统等方面取得了关键成果，为电网数字化"云 – 管 – 边 – 端"提供了完整解决方案。

2　项目重点布局方向

中国智能电网等重点专项布局方向见图 2-11。对"十三五"时期的"智能电网技术与装备"重点专项、"十四五"时期的"储能与智能电网技术"重点专项申报指南❶中的项目占比情况❷和研究内容进行分析，发现：

布局方向上，"十三五"期间重点部署智能电网基础支撑技术和大电网柔性互联，其次是大规模可再生能源并网消纳和多元用户供需互动用电；"十四五"期间重点部署特大型交直流混联电网安全高效运行技术和基础支撑技术，其次是高比例可再生能源主动支撑技术。

在布局延续性上，可再生能源消纳、用户供需互动、相关基础支撑技术都得到了持续的重视。具体体现在：提升可再生能源消纳能力，关注风电、光伏、海上风电等大规模可再生能源并网消纳的关键技术研发；加强与用户侧的互动，强调与电动汽车、分布式能源等用户侧场景的供需数据分析和管理；重视相关基础支撑技术，关注液流电池、固态电池等电池技术，以及软磁材料、碳化硅器件等电力电子器件创新技术。

---

❶ 基于项目数据的可获取性和完整性，选择申报指南作为分析对象。
❷ 项目占比情况 = 十三五时期该技术方向项目数量 / 十三五时期重点专项总项目数；十四五时期同理类推。

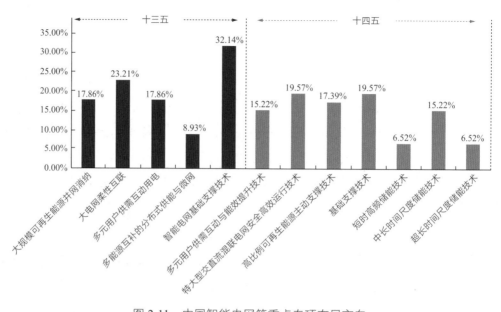

图 2-11　中国智能电网等重点专项布局方向

在布局演变趋势上，推动电网安全、高效、智能化发展，提高可再生能源渗透率，促进多能互补协调，加大储能技术研发。具体体现在：从交直流混联等大电网互联技术，向智能配电、柔性直流电网、数字电网等电网智能化方向升级，再向优化电网结构、提升电网稳定性和韧性的方向演进；通过大规模风电并网、风光发电预测等关键技术升级提升可再生能源占比；风光等多能源协调利用，并与储能等协同调控；将不同时间尺度的储能技术作为重点方向。

3　数字技术及应用场景

智能电网等重点专项涉及的数字技术及其应用场景见图 2-12。

数字技术分析。通过对重点专项项目研究内容的文本挖掘与分析，发现 25% 左右的项目明确提及数字技术的应用，分别涉及传感器、物联网、大数据、人工智能、数字孪生、边缘计算、区块链、5G 和云计算共 9 个技术，其中数字孪生、大数据和传感器技术应用较为广泛。

数字技术应用场景分析。对数字技术涉及的电力应用场景进行分析，可发现：

从技术角度来看，大数据、数字孪生、传感器、边缘计算等数字技术在不同电力场景中应用较多。大数据技术主要用于电网智能调控、电网用户数据感知测量、储能电池全生命周期分析等场景；数字孪生技术主要用于输配

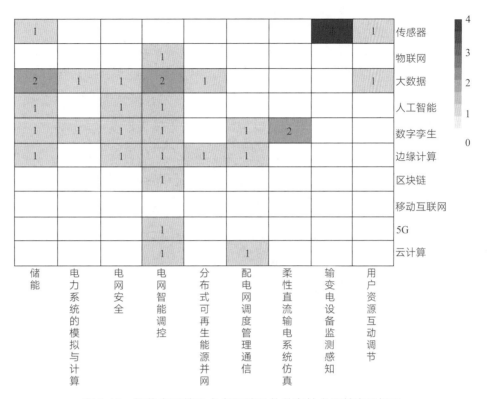

图 2-12　智能电网等重点专项涉及的数字技术及其应用场景

电系统仿真、可再生能源并网仿真、多能源系统仿真等场景；传感器技术主要用于输变电设备监测感知场景；边缘计算技术主要满足电网在接入大规模分布式能源、保障安全、智能调度等方面的多种诉求。

从场景角度来看，电网智能调控、电网安全、储能等场景中数字技术应用相对较多；其中电力物联网、数字电网、虚拟电厂等细分场景需要充分借助大数据、物联网、区块链、云计算、人工智能等多元数字技术。

2.2.5　特点与趋势

在能源与电力发展整体战略的指导下，持续推进对未来电网的研发项目布局。2015 年以来，各国均大力支持旨在解决未来电网挑战的电力项目。美国在"电网现代化倡议"下持续资助开发未来电网所需技术的电力现代化项目；日本在《第五期能源基本计划》和《第六期能源基本计划》的指导下大力支持下一代电网稳定性等项目；欧盟频繁出台与更新"能源转型""能源数字化"及"综合能源系统"等规划与方案，牵引电网研发创新项目的实施；中国在"十三五"和"十四五"时期持续设立"智能电网"等相关重点专项。

分布式能源、电网稳定与安全性、储能是多国电力项目共同关注的重点。提升可再生能源并网消纳能力，加强分布式能源控制。美国电力现代化项目中 19% 用于聚合风光等分布式能源并提高电网可靠性和效率，日本以大规模接入可再生能源的下一代电网稳定性技术和分布式能源控制技术作为近期部署重点，欧盟和中国均推进大规模可再生能源并网消纳。保障电网稳定安全运行，抵御网络威胁。电网的稳定性是各国首要保障的重点，均将电网安全稳定运行作为最重要的项目布局方向。同时，近年来受网络威胁频发的影响，美国电力现代化项目在 2019 年增设了网络安全和物理安全技术方向，欧盟确保建立网络安全的能源系统。支持储能技术发展。日本、欧盟与中国均把储能作为未来电网发展的一项重点，日本支持电池储能创新技术发展，欧盟关注电动汽车等灵活储能资源，中国发展不同时间尺度的储能技术。

不同国家受资源禀赋和国情影响，电力项目布局呈现个性化差异。美国强调电网规划设计和电网弹性，日本关注微电网和智能社区，欧盟强调能源系统低成本高效和电、气、热多能源协同，中国关注大型电网互联运行和基础支撑技术。美国得益于整体较高的技术水平和管理水平，在电力项目部署上更具全局性和前瞻性，强调开发适应未来电网需求的规划设计工具，同时部分地区因自然灾害多发而更强调电网的弹性和恢复能力；日本由于国土面积小、电网规模小而更强调微电网和配电系统，同时受国家建设智能社会的影响，大力支持智慧用能的智能社区建设；欧盟受能源危机的影响以及跨境互联互通的建设，强调能源系统低成本高效运行，并以电、气、热等多能源协同为特点；中国因不同区域电力供需不均衡而更强调大型、特大型电网的互联和运行，并致力于基础支撑技术的持续研发。

电力系统全环节均得到数字技术的支持，以电网智能调度控制最为突出，用户侧场景越来越得到关注。随着各国推进电网数字化进程，电力系统在发电、输变电、配电、用户侧、市场侧等全环节均可利用先进的数字技术。其中，电网智能调度控制涉及测量、感知、分析、决策、调度、控制等一系列环节，是集合最多数字技术的场景。随着电动汽车、充电桩、智能家居的急速增长，各国通过项目布局加强与用户侧的供需互动来调节用能，日本、欧盟、中国均把虚拟电厂和用户数据分析预测作为重点，日本发展虚拟电厂 / 需求响应模式，欧盟利用虚拟储能、数字孪生和分布式账本技术等对传统虚拟电厂进行改造升级，中国关注虚拟电厂聚合互动调控和海量用户数据感知测量。

　　人工智能、大数据、云计算、数字孪生、传感器等数字技术在各国电力项目中应用较为广泛。纵观各国电力项目的数字技术应用程度，美国以人工智能和传感器技术为主，日本的人工智能、物联网和云计算技术应用较多，欧盟以人工智能、传感器、大数据和物联网技术为主，中国的大数据、传感器和数字孪生技术应用较多。人工智能、大数据和云计算技术大量应用于基于海量数据诊断预测和综合决策的电网智能调控、智慧用能、网络安全等场景；数字孪生技术提供电力系统、综合能源系统的仿真模拟；传感器技术应用于测量分析。

Chapter

3

面向新型电力系统的
数字技术分析

本章针对电力系统关键数字技术，基于论文和专利数据进行定量分析，从全球和中国两个视角提出基础研究前沿热点和技术开发态势。对应新型电力系统数字化需求，着重分析传感器、5G、物联网、移动互联网、边缘计算、云计算、大数据、人工智能、数字孪生、区块链等 10 大关键技术，重点关注该 10 项技术近 5 年（2018—2022 年）研究进展，并对 2003—2017 年的数据进行回溯，以满足长时间尺度的技术发展趋势分析，从科学计量角度揭示基础研究和技术开发现状、特征及趋势。

3.1　基础研究态势分析

本节针对上述 10 项关键数字技术，基于 Web of Science 核心数据库检索近 20 年（2003—2022 年）共计 15718 篇科研论文，并重点分析近 5 年（2018—2022 年）的 11393 篇论文。

3.1.1　全球研究态势分析

全球电力系统关键数字技术研究大部分是近 10 年开始起步，在近 5 年内迅速发展，所有技术发文量均超过近 20 年总量的 60%，如表 3-1 所示。从发文体量来看，人工智能、传感器、物联网位列前三，尤其是人工智能技术发文量占所有技术总发文量的 63.8%。数字孪生在近 5 年内才有研究，具有较强的新颖性。

表 3-1　2003—2022 年全球电力系统关键数字技术发文量情况

关键技术	发文量（篇）					2018—2022 年占比
	合计	2003—2007 年	2008—2012 年	2013—2017 年	2018—2022 年	
物联网	957	0	0	76	881	92.1%
5G	389	2	9	41	337	86.6%
云计算	656	0	10	61	585	89.2%
数字孪生	191	0	0	0	191	100.0%
传感器	3517	131	332	942	2112	60.1%
移动互联网	353	14	23	104	212	60.1%

续表

关键技术	发文量（篇）					2018—2022 年占比
	合计	2003—2007 年	2008—2012 年	2013—2017 年	2018—2022 年	
边缘计算	368	0	0	20	348	94.6%
大数据	742	0	1	114	627	84.5%
人工智能	10021	445	722	1442	7412	74.0%
区块链	503	0	0	4	499	99.2%
合计❶	15718	588	1079	2658	11393	72.5%

2018—2022 年全球电力系统关键数字技术发文量及复合增长率见表 3-2。进一步聚焦 2018—2022 年发文情况，发现全球对电力系统关键数字技术的关注度持续升温，5 年间 10 项关键技术共发表了 11393 篇论文，年均复合增长率（CAGR）❷ 达到 30.8%。其中，人工智能技术发文量仍最多，占总发文量的 65.1%；传感器技术发文量仍位居第二，在总发文量中的占比从近 20 年的 22.4% 降至 18.5%。从增速来看，过去 5 年年均发文量增长最快的是区块链技术，CAGR 值高达 76.1%，而 5G、云计算和边缘计算技术的 CAGR 值均接近 50%。

表 3-2　2018—2022 年全球电力系统关键数字技术发文量及复合增长率

关键技术	发文量（篇）					CAGR
	合计	2018 年	2019 年	2020 年	2021 年	2022 年	
物联网	881	79	124	178	246	254	33.9%
5G	337	21	33	71	108	104	49.2%
云计算	585	40	69	105	180	191	47.8%
数字孪生	191	0	10	22	63	96	—
传感器	2112	296	381	454	516	465	12.0%
移动互联网	212	25	26	37	64	60	24.5%
边缘计算	348	21	38	85	106	98	47.0%

---

❶ 由于一篇论文可能会涉及多个技术方向，因此电力系统数字化关键技术总发文量小于各技术之和。下同。

❷ $CAGR(t_0, t_n) = \left[\dfrac{V(t_n)}{V(t_0)}\right]^{\frac{1}{t_n - t_0}} - 1$，其中 t_0 指初始期，此处指 2018 年；t_n 是结束期，此处为 2022 年；$V(t_0)$ 是 2018 年论文发文量，$V(t_n)$ 是 2022 年论文发文量。本研究的 CAGR 值均按照上述公式进行核算，专利 CAGR 值采用专利申请量数据计算。

续表

关键技术	发文量（篇）						CAGR
	合计	2018 年	2019 年	2020 年	2021 年	2022 年	
大数据	627	79	120	125	157	146	16.6%
人工智能	7412	656	935	1517	2039	2265	36.3%
区块链	499	18	52	78	178	173	76.1%
合计	11393	1120	1570	2344	3082	3277	30.8%

3.1.2 中国研究态势分析

1 研究活跃度分析

2018—2022 年中国电力系统关键数字技术发文量、复合增长率及全球占比见表 3-3。中国大部分关键数字技术在近 3 年快速增长，总发文量占到全球 4 成，其中边缘计算技术发文量占全球总量的 57.5%。发文量最多的技术为人工智能；数字孪生和移动互联网技术发文量相对较少，在国内是较为新颖的技术；区块链技术发文量增速最快。

表 3-3 2018—2022 年中国电力系统关键数字技术发文量、复合增长率及全球占比

关键技术	发文量（篇）						CAGR	全球占比
	合计	2018 年	2019 年	2020 年	2021 年	2022 年		
物联网	388	24	49	80	99	136	54.3%	44.0%
5G	129	7	9	23	45	45	59.2%	38.3%
云计算	284	16	32	49	84	103	59.3%	48.5%
数字孪生	54	0	2	4	9	39	—	28.3%
传感器	812	99	121	176	207	209	20.5%	38.4%
移动互联网	73	8	6	12	25	22	28.8%	34.4%
边缘计算	200	9	15	46	60	70	67.0%	57.5%
大数据	265	34	51	49	61	70	19.8%	42.3%
人工智能	2946	266	395	562	779	944	37.3%	39.7%
区块链	201	8	24	29	64	76	75.6%	40.3%
合计	4583	420	620	899	1200	1444	36.2%	40.2%

2 研究影响力分析

2018—2022 年中国及全球电力系统关键数字技术论文篇均被引频次和高被引论文情况见表 3-4。近 5 年，中国相关数字技术的高被引论文总体数量接近全球的一半，物联网与传感器技术的高被引论文全球占比超过50%。进一步分析各技术领域的论文相对篇均被引率（RACR）❶发现，有 6 项技术的 RACR 值大于 1，且总发文量的 RACR 值达到 1.10，说明中国电力系统关键数字技术的论文影响力相对较高。其中，中国在移动互联网技术领域的研究影响力表现最好，RACR 值为 1.46；5G 技术领域研究影响力表现次之，RACR 值为 1.36。而从中国高被引论文的全球占比来看，边缘计算技术占比最高，达到 62.9%，表明中国在该技术领域取得了较多高影响力研究成果。

表 3-4 2018—2022 年中国及全球电力系统关键数字技术论文篇均被引频次和高被引论文情况

关键技术	篇均被引频次（次 / 篇）		RACR	高被引论文数量（篇）		中国高被引论文产出率	中国高被引论文全球占比
	中国	全球		中国	全球		
物联网	15.02	14.69	1.02	45	88	11.6%	51.1%
5G	28.81	21.23	1.36	19	34	14.7%	55.9%
云计算	18.00	20.28	0.89	27	59	9.5%	45.8%
数字孪生	9.37	12.24	0.77	3	19	5.6%	15.8%
传感器	17.35	14.94	1.16	91	211	11.2%	43.1%
移动互联网	22.82	15.60	1.46	7	21	9.6%	33.3%
边缘计算	23.81	21.65	1.10	22	35	11.0%	62.9%
大数据	17.34	19.30	0.90	24	63	9.1%	38.1%
人工智能	21.23	18.82	1.13	379	741	12.9%	51.1%
区块链	34.12	34.60	0.99	23	50	11.4%	46.0%
合计	20.14	18.28	1.10	559	1139	12.2%	49.1%

---

❶ 论文相对篇均被引率（RACR）是指中国论文篇均被引频次除以全球论文篇均被引频次，反映中国论文相对于全球平均水平的影响力。

3.1.3 研究前沿主题分析

前沿主题应该具备高新颖性、高关注度、高成长性等显著特征。针对这 3 个特征，本研究综合评估电力系统数字技术在主题新颖度（N_j）、主题强度（S_j）、主题影响力（A_j）、主题增长度（G_j）4 个计量指标上的表现 ❶，以进行前沿主题识别。本节根据前沿主题综合指数，分析了各项关键数字技术近 5 年的研究前沿主题，以期明确各项技术的前沿研究发展趋势。

1 物联网技术

基于前沿主题综合指数，得到电力系统物联网技术排名前 5 的前沿主题，如表 3-5 所示。由表中可知，近 5 年，该领域前沿研究集中于运行优化、电网安全、故障诊断等方面。"电力系统分布式智能设施的并网管理及集成优化"在主题影响力和增长度方面都居首位。"物联网设备数据异常识别"是电力系统物联网技术领域中较为新颖的技术，但相关研究还较为前沿，研究论文数量偏少。

表 3-5　2018—2022 年全球电力系统物联网技术 Top 5 前沿主题

前沿主题	主题新颖度	主题强度	主题影响力	主题增长度	前沿主题综合指数 Frontier
电力系统分布式智能设施的并网管理及集成优化	0.55	0.11	1.00	1.00	0.67
配电系统智能故障检测和监控	0.84	1.00	0.50	0.00	0.56
物联网辅助智能电网能量管理	0.26	0.23	0.52	0.78	0.46
基于物联网的可再生能源并网同步和状态监测	0.24	0.53	0.15	0.54	0.38
物联网设备数据异常识别	1.00	0.00	0.00	0.43	0.37

2 5G 技术

基于前沿主题综合指数，得到电力系统 5G 技术排名前 5 的前沿主题，如表 3-6 所示。由表中可知，近 5 年，该技术领域聚焦于利用 5G 的传输性

---

❶ 综合表现得分计算公式：$Frontier = W_N N_j + W_s S_j + W_A A_j + W_G G_j$。

能实现分布式能源的并网管理、电网运行监控以及信息安全等方面。综合来看，"基于 5G 的分布式能源并网运行优化"的研究主题位列首位。"基于 5G 的风、光等可再生能源发电运行数据实时传输"是较为新颖且具有一定增长态势的主题。

表 3-6　2018—2022 年全球电力系统 5G 技术 Top 5 前沿主题

前沿主题	主题新颖度	主题强度	主题影响力	主题增长度	前沿主题综合指数 *Frontier*
基于 5G 的分布式能源并网运行优化	0.19	0.00	1.00	1.00	0.65
基于 5G 的风、光等可再生能源发电运行数据实时传输	0.94	0.72	0.00	0.73	0.62
5G 智能电网自适应信息安全系统	0.51	0.60	0.18	0.81	0.58
综合能源网络的 5G 智能控制	1.00	1.00	0.00	0.00	0.39
发电厂 5G 远程监控技术	0.00	0.11	0.13	0.81	0.38

3　云计算技术

基于前沿主题综合指数，得到电力系统云计算技术排名前 5 的前沿主题，如表 3-7 所示。由表中可知，近 5 年，云计算相关研究集中于电力系统规划设计、能量管理、需求管理、电力交易等方面。"电网云计算智慧能源管理"的相关论文数量较多且快速增长，引起研究者较多关注。新颖性较强的前沿主题则是"基于云计算的电力交易数据分析"。

表 3-7　2018—2022 年全球电力系统云计算技术 Top 5 前沿主题

前沿主题	主题新颖度	主题强度	主题影响力	主题增长度	前沿主题综合指数 *Frontier*
电网云计算智慧能源管理	0.54	1.00	1.00	1.00	0.91
云计算技术用于高比例可再生能源电力系统的规划设计	0.00	0.00	0.34	0.93	0.41
基于云边端协同的智能电网需求响应	0.08	0.47	0.31	0.43	0.33
基于云计算的电力交易数据分析	1.00	0.50	0.00	0.11	0.33
基于物联网和云计算的智能电网需求侧管理	0.46	0.59	0.25	0.00	0.27

4 数字孪生技术

基于前沿主题综合指数，得到电力系统数字孪生技术排名前 4 的前沿主题，如表 3-8 所示。由表中可知，近 5 年，数字孪生研究聚焦在发电机组的状态监控和运行维护，以及电网优化和管理等方面。"基于数字孪生的发电机组状态监测"的研究数量较多，具备较强的增长潜力。受到较多研究者关注的主题为"数字孪生用于混合能源系统的技术经济性优化"。"基于发电设备数字孪生的运行预测性维护"是较新的研究主题，增长势头较快。

表 3-8   2018—2022 年全球电力系统数字孪生技术 Top 4 前沿主题

前沿主题	主题新颖度	主题强度	主题影响力	主题增长度	前沿主题综合指数 Frontier
基于数字孪生的发电机组状态监测	0.58	1.00	0.42	0.93	0.78
数字孪生用于混合能源系统的技术经济性优化	0.72	1.00	1.00	0.00	0.74
数字孪生用于微电网能量管理	0.00	0.65	0.71	0.52	0.49
基于发电设备数字孪生的运行预测性维护	1.00	0.00	0.00	1.00	0.42

注   该技术研究论文偏少，共识别出 4 项前沿主题。

5 传感器技术

基于前沿主题综合指数，得到电力系统传感器技术排名前 5 的前沿主题，如表 3-9 所示。近 5 年，传感器研究多用于电网的运行监控及故障诊断。"基于无线传感器网络的智能电网运行监控"受到较多研究者关注，具备较强的增长潜力。"智能变压器健康诊断管理"较为新颖且研究数量较多，增长势头较快。"电网监控系统传感器配置策略"新颖性强且具备一定研究基础，但增长较缓慢。

表 3-9   2018—2022 年全球电力系统传感器技术 Top 5 前沿主题

前沿主题	主题新颖度	主题强度	主题影响力	主题增长度	前沿主题综合指数 Frontier
基于无线传感器网络的智能电网运行监控	0.37	0.46	1.00	1.00	0.76
变电站远程监控	0.60	0.51	0.99	0.74	0.75

续表

前沿主题	主题 新颖度	主题 强度	主题 影响力	主题 增长度	前沿主题综合 指数 *Frontier*
智能变压器健康诊断管理	1.00	0.87	0.11	0.94	0.65
电网监控系统传感器配置策略	0.98	1.00	0.25	0.64	0.64
电网故障诊断的智能优化	0.57	0.37	0.59	0.89	0.62

6　移动互联网技术

　　基于前沿主题综合指数，得到电力系统移动互联网技术相关研究排名前 4 的前沿主题，如表 3-10 所示。近 5 年，移动互联网在电力系统中的应用研究聚焦在电网运行监控、智能调度以及数据的安全防护等方面。其中，"利用移动互联网实现电网故障的智能巡检"主题较为新颖，同时受到较多研究人员关注，具备相对较高的影响力，但增长势头相对缓慢。"移动互联网技术用于电网智能化实时调度"的研究相对不多，但增长潜力较大。

表 3-10　2018—2022 年全球电力系统移动互联网技术 Top 4 前沿主题

前沿主题	主题 新颖度	主题 强度	主题 影响力	主题 增长度	前沿主题综合 指数 *Frontier*
利用移动互联网实现电网故障的 智能巡检	1.00	1.00	1.00	0.54	0.89
移动互联网技术用于电网智能化 实时调度	0.00	0.17	0.62	1.00	0.46
电力移动互联应用的数据安全 防护	0.18	0.00	0.00	0.98	0.27
基于机器对机器（M2M）的智能 电网运行监控与数据采集	0.18	0.01	0.55	0.00	0.20

7　边缘计算技术

　　基于前沿主题综合指数，得到电力系统边缘计算技术相关研究排名前 5 的前沿主题，如表 3-11 所示。近 5 年，边缘计算研究集中于智能电网数据安全、运行监控等。"物联网辅助智能电网的大数据分析边缘计算"受到较多研究者关注，具备较强的增长潜力。"基于边缘计算的智能电网数据安全"新颖性较强。

表 3-11　2018—2022 年全球电力系统边缘计算技术 Top 5 前沿主题

前沿主题	主题新颖度	主题强度	主题影响力	主题增长度	前沿主题综合指数 Frontier
物联网辅助智能电网的大数据分析边缘计算	0.00	0.00	1.00	1.00	0.68
智能电网边缘计算的安全控制策略	0.29	0.13	0.77	0.56	0.50
基于边缘计算的智能需求管理	0.31	0.47	0.87	0.24	0.44
基于边缘计算的智能电网数据安全	1.00	1.00	0.04	0.19	0.42
基于边缘计算的智能电网运行监控	0.45	0.36	0.00	0.00	0.13

8　大数据技术

　　基于前沿主题综合指数，得到电力系统大数据技术相关研究排名前 5 的前沿主题，如表 3-12 所示。近 5 年，大数据研究集中于电力系统的运行优化以及网络安全等方面。其中，"智能电网大数据分析的深度学习方法"相关研究较多但增长潜力较弱，"基于大数据的电力负荷预测"的相关研究呈现快速增长势头。将大数据用于电力系统的网络安全相关研究也受到较多关注，前 5 项主题中有 2 项为该方向研究。"融合高比例可再生能源的电力系统运行控制优化设计"研究具备一定新颖性，且增长潜力较大。

表 3-12　2018—2022 年全球电力系统大数据技术 Top 5 前沿主题

前沿主题	主题新颖度	主题强度	主题影响力	主题增长度	前沿主题综合指数 Frontier
基于大数据的电力负荷预测	0.34	0.10	0.87	1.00	0.63
智能电网安全运行管理与优化	0.18	0.02	1.00	0.85	0.56
智能电网大数据分析的深度学习方法	1.00	1.00	0.48	0.00	0.53
融合高比例可再生能源的电力系统运行控制优化设计	0.53	0.00	0.00	0.95	0.44
基于大数据分析的智能电网网络攻击识别	0.00	0.34	0.38	0.46	0.33

9　人工智能技术

基于前沿主题综合指数，得到电力系统人工智能技术相关研究排名前 5 的前沿主题，如表 3-13 所示。近 5 年，电力系统人工智能相关研究聚焦于电力系统的负荷以及发电预测、故障诊断等方面，并在此基础上改善运行控制。其中，研究最多的主题是"基于机器学习的电力负荷预测"，"基于神经网络的短期电力负荷需求预测及运行优化"也受到研究者关注，且新颖度和增长度都最高。

表 3-13　2018—2022 年全球电力系统人工智能技术 Top 5 前沿主题

前沿主题	主题新颖度	主题强度	主题影响力	主题增长度	前沿主题综合指数 Frontier
基于机器学习的电力负荷预测	0.75	1.00	0.61	0.83	0.77
基于机器学习的电力系统可再生能源发电量预测	0.40	0.76	0.84	0.82	0.72
基于神经网络的短期电力负荷需求预测及运行优化	1.00	0.75	0.15	1.00	0.64
基于深度学习的配电网高效能量管理	0.87	0.56	0.30	0.97	0.62
基于人工智能的电力系统故障诊断	0.46	0.54	0.53	0.81	0.58

10　区块链技术

基于前沿主题综合指数，得到电力系统区块链技术相关研究排名前 5 的前沿主题，如表 3-14 所示。近 5 年，区块链相关研究主要涉及电力系统的交易模式、安全防护及优化调度等方面。其中，"利用区块链的新型能源交易框架"受到较多研究者关注，且具备最高的新颖度。"基于区块链的电力交易模式"的研究影响力最高，同时也具备较强的增长潜力；增速最快的前沿主题为"基于区块链的智能电网网络 – 物理安全"。

表 3-14　2018—2022 年全球电力系统区块链技术 Top 5 前沿主题

前沿主题	主题新颖度	主题强度	主题影响力	主题增长度	前沿主题综合指数 Frontier
基于区块链的电力交易模式	0.41	0.77	1.00	0.90	0.81
基于区块链的智能电网网络 – 物理安全	0.90	0.39	0.09	1.00	0.61

前沿主题	主题新颖度	主题强度	主题影响力	主题增长度	前沿主题综合指数 *Frontier*
利用区块链的新型能源交易框架	1.00	1.00	0.22	0.00	0.45
智能电网设备区块链共识算法	0.96	0.51	0.00	0.19	0.35
基于区块链的电力系统优化调度	0.00	0.00	0.78	0.22	0.29

3.1.4　小结

本节基于科研论文数据，利用文献计量方法对全球和中国电力系统 10 项关键数字技术进行分析，揭示电力系统数字化的基础研究态势。主要结论如下：

（1）基于论文发文量的研究活跃度分析发现，全球电力系统关键数字技术正处于加速发展期，所有技术近 5 年（2018—2022 年）的发文量均超过近 20 年总量的 60%。除传感器、人工智能和移动互联网以外，大部分技术在近 10 年才开始起步，在近 5 年内飞速发展，尤其是数字孪生技术。发文量最多的技术是人工智能、传感器和物联网，其中人工智能技术发文量大幅领先于其他技术，近 20 年和近 5 年分别占所有技术总发文量的 63.8% 和 65.1%。

（2）中国在全球电力系统关键数字技术研究方面发挥着举足轻重的作用，近 5 年发文量占到同期全球总发文量的 40.2%，其中大数据技术占比达到 57.5%。且中国发文量保持较快增长势头，CAGR 值达到 36.2%，超过了全球平均水平（30.8%），尤其是区块链技术发文量增速达 75.6%。人工智能是中国电力系统关键数字技术研究最高产的领域，占所有技术发文量的 64.3%，占全球人工智能技术发文量 39.7%。综合考虑论文相对篇均被引率和高被引论文数量，对中国研究影响力的分析显示，中国移动互联网、5G 和边缘计算技术研究在全球影响力相对较高。

（3）研究前沿主题分析发现，近 5 年，全球电力系统关键数字技术前沿研究涉及运行监控、故障诊断、安全防护、优化调度、电力交易等方面。对于各项技术来说，物联网前沿研究集中于运行优化、电网安全、故障诊断等；5G 技术前沿主题聚焦在利用 5G 的传输性能实现分布式能源的并网管理、电网运行监控以及信息安全等方面；云计算前沿研究集中于电力系统规划设计、能量管理、需求管理、电力交易等方面；数字孪生前沿研究聚焦在发电机组的状态监控和运行维护，以及电网优化和管理等；传感器前沿研究关注电网的运行监控及故障诊断；移动互联网前沿主题主要涉及电网运行监控、智能调度以及数据的安全防护等；边缘计算前沿研究集中于智能电网数据安全、运行监控等；大数据前沿研究集中于电力系统的运行优化以及网络安全等；人工智能前沿研究聚焦于电力系统的负荷以及发电预测、故障诊断等；区块链前沿主题主要涉及电力系统的交易模式、安全防护及优化调度等方面。

3.2　技术开发态势分析

本节针对 10 项关键数字技术，基于 incoPat 专利数据库检索近 20 年（2003—2022 年）共计 85900 项发明专利 ❶，并重点分析近 5 年（2018—2022 年）的 53691 项发明专利。

3.2.1　全球技术开发态势分析

近 20 年，全球电力系统关键数字技术开发持续增长，近 5 年加速发展，专利申请数量占近 20 年总量的 62.5%。尤其是数字孪生、边缘计算和区块链技术，近 5 年专利申请量分别占近 20 年的 98.8%、96.2% 和 94.6%，具有较强的新颖性。就绝对数量来看，传感器、人工智能和物联网技术专利申请数量居前三位，分别占总申请量的 40.6%、28.9% 和 10.7%。表 3-15 给出了 2003—2022 年全球电力系统关键数字技术发明专利申请量及增长情况。

表 3-15　2003—2022 年全球电力系统关键数字技术发明专利申请量及增长情况

关键技术	专利申请量（项）					2018—2022 年占比
	合计	2003—2007 年	2008—2012 年	2013—2017 年	2018—2022 年	
物联网	9221	172	213	1651	7185	77.9%
5G	5461	110	157	657	4537	83.1%

❶ 本次分析采用专利族为单位，即一个专利家族代表了一"项"专利技术，对应不同国家/地区申请的多"件"同族专利。本文中所述"专利"皆指专利族。

关键技术	专利申请量（项）					2018—2022 年占比
	合计	2003—2007 年	2008—2012 年	2013—2017 年	2018—2022 年	
云计算	4923	2	191	711	4019	81.6%
数字孪生	1070	0	0	13	1057	98.8%
传感器	34852	2959	5990	11349	14554	41.8%
移动互联网	4176	593	818	1398	1367	32.7%
边缘计算	2008	10	11	55	1932	96.2%
大数据	8148	183	167	1479	6319	77.6%
人工智能	24786	415	809	3056	20506	82.7%
区块链	2605	0	1	140	2464	94.6%
合计	85900	4444	8261	19504	53691	62.5%

进一步聚焦近 5 年的专利申请情况，全球对电力系统关键数字技术的技术开发活动保持较好的上行态势，5 年间 10 项关键技术共申请 53691 项发明专利，CAGR 值达到 16.9%。其中，专利申请量排名靠前的技术仍为传感器、人工智能和物联网技术。从增速来看，数字孪生技术的专利申请量增速最快，CAGR 值高达 118.5%，边缘计算技术也保持较快增长势头（83.5%）。其他大部分技术均保持平稳增长，而移动互联网（-12.8%）和传感器技术（-1.2%）专利申请量出现负增长。2018—2022 年全球电力系统关键数字技术发明专利申请量及复合增长率见表 3-16。

表 3-16   2018—2022 年全球电力系统关键数字技术发明专利申请量及复合增长率

关键技术	专利申请量（项）						CAGR
	合计	2018 年	2019 年	2020 年	2021 年	2022 年	
物联网	7185	904	1320	1588	1752	1621	15.7%
5G	4537	396	644	1092	1248	1157	30.7%
云计算	4019	601	663	852	1000	903	10.7%
数字孪生	1057	25	43	124	295	570	118.5%
传感器	14554	3035	2787	2884	2953	2895	-1.2%
移动互联网	1367	340	292	271	267	197	-12.8%
边缘计算	1932	55	228	461	565	623	83.5%
大数据	6319	923	1019	1283	1497	1597	14.7%
人工智能	20506	2097	2998	4033	5164	6214	31.2%
区块链	2464	373	416	506	596	573	11.3%
合计	53691	7389	8834	10864	12819	13785	16.9%

3.2.2 中国技术开发态势分析

1 技术开发活跃度分析

近 5 年，中国电力系统关键数字技术开发保持较快增长势头，专利申请量占到全球总量的 71.3%，尤其是大数据技术占比高达 91.1%。10 项技术中，人工智能技术专利申请量最大，数字孪生技术增速最快，远超其他技术。但移动互联网技术呈现下降趋势，且专利申请量也相对偏低。2018—2022 年中国电力系统关键数字技术发明专利申请量、复合增长率及全球占比见表 3-17。

表 3-17　2018—2022 年中国电力系统关键数字技术发明专利申请量、复合增长率及全球占比

关键技术	专利申请量（项）						CAGR	全球占比
	合计	2018 年	2019 年	2020 年	2021 年	2022 年		
物联网	5561	588	993	1272	1385	1323	22.5%	77.4%
5G	3673	250	437	894	1040	1052	43.2%	81.0%
云计算	2901	384	379	626	749	763	18.7%	72.2%
数字孪生	841	6	18	81	216	520	205.1%	79.6%
传感器	8242	1459	1387	1584	1724	2088	9.4%	56.6%
移动互联网	875	208	176	171	170	150	−7.8%	64.0%
边缘计算	1723	37	189	408	512	577	98.7%	89.2%
大数据	5758	813	916	1168	1343	1518	16.9%	91.1%
人工智能	14552	1323	1911	2655	3589	5074	39.9%	71.0%
区块链	1662	218	202	347	420	475	21.5%	67.5%
合计	38274	4515	5654	7495	9257	11353	25.9%	71.3%

2 核心技术竞争力分析

2018—2022 年中国及全球电力系统关键数字技术高价值专利情况见表 3-18。除传感器和移动互联网外，近 5 年，中国在电力系统关键数字技术领域申请的高价值专利在全球占比均超过 50%，总体占比达到 58.8%。中国所有数字技术的高价值专利产出率均低于全球平均水平，还需进一步加强对核心技术的开发，强化重点专利布局。

表 3-18   2018—2022 年中国及全球电力系统关键数字技术高价值专利情况

关键技术	高价值专利申请量（项）		高价值专利产出率		中国高价值专利全球占比
	中国	全球	中国	全球	
物联网	1115	1680	20.1%	23.4%	66.4%
5G	762	1169	20.7%	25.8%	65.2%
云计算	705	1178	24.3%	29.3%	59.8%
数字孪生	214	310	25.4%	29.3%	69.0%
传感器	1917	4701	23.3%	32.3%	40.8%
移动互联网	176	375	20.1%	27.4%	46.9%
边缘计算	485	601	28.1%	31.1%	80.7%
大数据	1376	1570	23.9%	24.8%	87.6%
人工智能	4494	7112	30.9%	34.7%	63.2%
区块链	526	790	31.6%	32.1%	66.6%
合计	9749	16568	25.5%	30.9%	58.8%

3.2.3   技术布局重点方向分析

1   物联网技术

针对近 5 年电力系统物联网技术相关专利进行分析，通过专利聚类词云图（见图 3-1）可以看出，近 5 年该技术的专利布局围绕如下主题：物联网终端相关，如边缘网关、智能网关、接入认证等；物联网相关技术，如能源管理、数据收集、电力传感器等；配电物联网相关技术，如监控系统、管理平台、安全监控等；人工智能技术，如强化学习等。

图 3-1   2018—2022 年全球电力系统物联网技术发明专利关键词词云

基于国际专利分类号（IPC）的电力系统物联网技术发明专利前 10 位技术方向如表 3-19 所示，可见其技术开发的主要方向为：数据传输、远程监测及控制；测量装置；电力网络及公用设施；管理模式。

表 3-19　2018—2022 年全球电力系统物联网技术发明专利主要技术方向

（基于 IPC 小组前 10 位）

IPC 分类号	释义	专利数量（项）
G06Q50/06	电力、天然气或水供应	1250
H02J13/00	对网络情况提供远距离指示的电路装置，例如网络中每个电路保护器的开合情况的瞬时记录；对配电网络中的开关装置进行远距离控制的电路装置，例如用网络传送的脉冲编码信号接入或断开电流用户	1163
H04L29/08	传输控制规程，例如数据链级控制规程	837
H04L67/12	适用于专有或专用联网环境，例如医疗网络、传感器网络、汽车网络或远程计量网络	495
G16Y10/35	公用设施，例如电、气或水	467
G06Q10/06	资源、工作流程、人员或项目管理；企业或组织规划；企业或组织建模	458
G01D21/02	用不包括在其他单个小类中的装置来测量两个或更多个变量	346
G16Y40/10	检测；监控	304
G08C17/02	用无线电线路	275
H04L9/40	网络安全协议	261

2　5G 技术

针对近 5 年电力系统 5G 技术相关专利进行分析，通过专利聚类词云图（图 3-2）可以看出，近 5 年该技术的专利布局围绕如下主题：智能管理系统；监控系统，包括远程监控、巡检等。

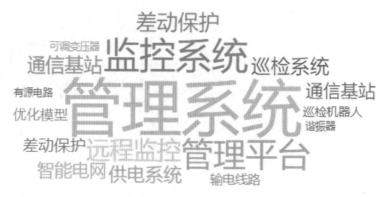

图 3-2　2018—2022 年全球电力系统 5G 技术发明专利关键词词云

基于国际专利分类号（IPC）的电力系统 5G 技术发明专利前 10 位技术方向如表 3-20 所示，可见其技术开发的主要方向为：电网远程监测、数据传输及控制；电路保护；无线网络相关。

表 3-20　2018—2022 年全球电力系统 5G 技术发明专利主要技术方向

（基于 IPC 小组前 10 位）

IPC 分类号	释义	专利数量（项）
H02J13/00	对网络情况提供远距离指示的电路装置，例如网络中每个电路保护器的开合情况的瞬时记录；对配电网络中的开关装置进行远距离控制的电路装置，例如用网络传送的脉冲编码信号接入或断开电流用户	731
G06Q50/06	电力、天然气或水供应	486
H04N7/18	闭路电视系统，即电视信号不广播的系统	184
G06Q10/06	资源、工作流程、人员或项目管理；企业或组织规划；企业或组织建模	180
H04L29/08	传输控制规程，例如数据链级控制规程	175
H01Q1/50	天线与接地开关、引入装置或避雷器的结构联结	148
H04W72/04	无线资源分配	142
G08C17/02	用无线电线路	141
H02H7/26	电缆或线路系统的分段保护，例如当发生短路、接地故障或电弧放电时切断一部分电路	141
H02J3/00	交流干线或交流配电网络的电路装置	120

3　云计算技术

针对近 5 年电力系统云计算技术方向相关专利进行分析，通过专利聚类词云图（见图 3-3）可以看出，近 5 年该技术的专利布局围绕如下主题：区块链相关，如云计算、电力数据、边缘网关等；电力交易相关，包括电力数据、交易模式、去中心化等；能源系统相关，如电力系统、智能电网、可再生能源、储能等。

基于国际专利分类号（IPC）的电力系统云计算技术发明专利前 10 位技术方向如表 3-21 所示，可见其技术开发的主要方向为：数据管理及保护；数据传输及控制；电力交易；电力网络及公用设施；管理模式。

图 3-3　2018—2022 年全球电力系统云计算技术发明专利关键词词云

表 3-21　2018—2022 年全球电力系统云计算技术发明专利主要技术方向

（基于 IPC 小组前 10 位）

IPC 分类号	释义	专利族数量（项）
G06Q50/06	电力、天然气或水供应	1846
G06Q10/06	资源、工作流程、人员或项目管理；企业或组织规划；企业或组织建模	524
G06Q40/04	贸易；交易，例如：股票、商品、金融衍生工具或货币兑换	507
G06F16/27	在数据库间或在分布式数据库内的数据复制、分配或同步；其分布式数据系统结构	461
G06F21/64	保护数据的完整性，例如使用校验和、证书或签名	386
G06Q20/38	支付协议；其中的细节	375
H04L29/08	传输控制规程，例如数据链级控制规程	316
H02J13/00	对网络情况提供远距离指示的电路装置，例如网络中每个电路保护器的开合情况的瞬时记录；对配电网络中的开关装置进行远距离控制的电路装置，例如用网络传送的脉冲编码信号接入或断开电流用户	310
H04L9/32	包括用于检验系统用户的身份或凭据的装置	302
H02J3/00	交流干线或交流配电网络的电路装置	254

4　数字孪生技术

针对近 5 年电力系统数字孪生技术相关专利进行分析，通过专利聚类词云图（见图 3-4）可以看出，近 5 年该技术的专利布局围绕如下主题：模型构建，涉及数字仿真、多时间尺度、迭代模型、运行数据、动态配置等；变电站管理，涉及故障预测、运行数据、实时仿真、优化调度、预测控制等。

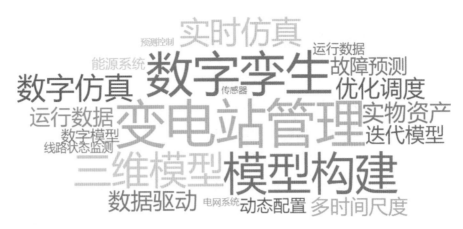

图 3-4   2018—2022 年全球电力系统数字孪生技术发明专利关键词词云

基于国际专利分类号（IPC）的电力系统数字孪生技术发明专利前 10 位技术方向如表 3-22 所示，可见其技术开发的主要方向为：电力系统设计优化、验证或模拟；运营优化及管理；电网运行远程监控；机器学习及 3D 建模。

表 3-22   2018—2022 年全球电力系统数字孪生技术发明专利主要技术方向

（基于 IPC 小组前 10 位）

IPC 分类号	释义	专利族数量（项）
G06Q50/06	电力、天然气或水供应	343
G06F30/20	设计优化、验证或模拟	193
G06Q10/06	资源、工作流程、人员或项目管理；企业或组织规划；企业或组织建模	124
G06Q10/04	专门适用于行政或管理目的的预测或优化，例如：线性规划或"下料问题"	112
H02J13/00	对网络情况提供远距离指示的电路装置，例如网络中每个电路保护器的开合情况的瞬时记录；对配电网络中的开关装置进行远距离控制的电路装置，例如用网络传送的脉冲编码信号接入或断开电流用户	99
G06F30/27	使用机器学习，例如人工智能，神经网络，支持向量机 [SVM] 或训练模型	95
H02J3/00	交流干线或交流配电网络的电路装置	81
G06N3/08	学习方法	77
G06T17/00	用于计算机制图的 3D 建模	69
G06F113/04	电网配电网络	59

5 传感器技术

针对近 5 年电力系统传感器技术相关专利进行分析，通过专利聚类词云图（见图 3-5）可以看出，近 5 年该技术的专利布局围绕如下主题：传感器，包括电流、电压、电磁场等传感技术与器件等；输电系统，涉及输电线路、状态监测、故障定位、传感器可靠性等；变电站监测，涉及传感装置、感知数据分析等；智能电网，涉及预测控制、强化学习、需求响应等；配电网络，涉及充电系统、电气工程、储能系统等。

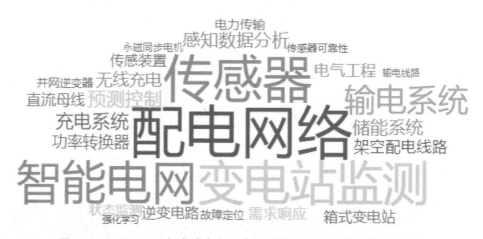

图 3-5　2018—2022 年全球电力系统传感器技术发明专利关键词词云

基于国际专利分类号（IPC）的电力系统传感器技术发明专利前 10 位技术方向如表 3-23 所示，可见其技术开发的主要方向为：配电网远程控制；电力储能系统；配电网络电路装置；光伏并网；输变电设备故障检测。

表 3-23　2018—2022 年全球电力系统传感器技术发明专利主要技术方向

（基于 IPC 小组前 10 位）

IPC 分类号	释义	专利族数量（项）
H02J13/00	对网络情况提供远距离指示的电路装置，例如网络中每个电路保护器的开合情况的瞬时记录；对配电网络中的开关装置进行远距离控制的电路装置，例如用网络传送的脉冲编码信号接入或断开电流用户	2149
H02J7/00	用于电池组的充电或去极化或用于由电池组向负载供电的装置	1519
H02J3/38	由 2 个或 2 个以上发电机、变换器或变压器对 1 个网络并联馈电的装置	1281
H02J7/35	有光敏电池的	712

IPC 分类号	释义	专利族数量（项）
H02J50/10	用电感耦合	652
H02J3/00	交流干线或交流配电网络的电路装置	651
H02B1/56	冷却；通风	604
G06Q50/06	电力、天然气或水供应	592
H02J3/32	应用有变换装置的电池组	564
G01R31/08	探测电缆、传输线或网络中的故障	478

6 移动互联网技术

针对近 5 年电力系统移动互联网技术相关专利进行分析，通过专利聚类词云图（见图 3-6）可以看出，近 5 年该技术的专利布局围绕如下主题：电力物联网，涉及智能管理、移动通信、储能等；充电系统，涉及电动汽车充电、分布式发电、供电系统等；商业模式，涉及需求侧响应、智能充电站、机器学习等；协同控制，涉及分布式控制、协同管控、电力传输等。

图 3-6　2018—2022 年全球电力系统移动互联网技术发明专利关键词词云

基于国际专利分类号（IPC）的电力系统移动互联网技术发明专利前 10 位技术方向如表 3-24 所示，可见其技术开发的主要方向为：配电网络远程控制，涉及控制装置、传输控制规程等；运行管理；输电线路及数据传输故障监测；电动汽车充电相关，如车辆与充电站数据传输、充电装置等。

表 3-24　2018—2022 年全球电力系统动互联网技术发明专利主要技术方向

（基于 IPC 小组前 10 位）

IPC 分类号	释义	专利族数量（项）
G06Q50/06	电力、天然气或水供应	233
H02J13/00	对网络情况提供远距离指示的电路装置，例如网络中每个电路保护器的开合情况的瞬时记录；对配电网络中的开关装置进行远距离控制的电路装置，例如用网络传送的脉冲编码信号接入或断开电流用户	201
H04L29/08	传输控制规程，例如数据链级控制规程	118
G06Q10/06	资源、工作流程、人员或项目管理；企业或组织规划；企业或组织建模	91
H02J7/00	用于电池组的充电或去极化或用于由电池组向负载供电的装置	84
G08C17/02	用无线电线路	60
B60L53/66	在车辆和充电站之间的数据传输	50
G01R31/08	探测电缆、传输线或网络中的故障	50
G01D21/02	用不包括在其他单个小类中的装置来测量两个或更多个变量	41
H02J7/35	有光敏电池的	41

7　边缘计算技术

针对近 5 年电力系统边缘计算技术相关专利进行分析，通过专利聚类词云图（见图 3-7）可以看出，近 5 年该技术的专利布局围绕如下主题：计算技术，涉及机器学习、深度学习；边缘计算网关、计算终端、智能网关等；低压配电网；负荷预测。

图 3-7　2018—2022 年全球电力系统边缘计算技术发明专利关键词词云

基于国际专利分类号（IPC）的电力系统边缘计算技术发明专利前 10 位技术方向如表 3-25 所示，可见其技术开发的主要方向为：输配电网电路装置及运行监测和控制；电力系统运营管理及优化调度；计算相关，如计算资源分配、计算方法等；数字通信网络。

表 3-25　2018—2022 年全球电力系统边缘计算技术发明专利主要技术方向

（基于 IPC 小组前 10 位）

IPC 分类号	释义	专利族数量（项）
G06Q50/06	电力、天然气或水供应	434
H02J13/00	对网络情况提供远距离指示的电路装置，例如网络中每个电路保护器的开合情况的瞬时记录；对配电网络中的开关装置进行远距离控制的电路装置，例如用网络传送的脉冲编码信号接入或断开电流用户	362
H04L29/08	传输控制规程，例如数据链级控制规程	171
G06Q10/06	资源、工作流程、人员或项目管理；企业或组织规划；企业或组织建模	162
G06F9/50	资源分配，例如中央处理单元	141
H04L67/12	适用于专有或专用联网环境，例如医疗网络、传感器网络、汽车网络或远程计量网络	139
G06N3/08	学习方法	134
G06Q10/04	专门适用于行政或管理目的的预测或优化，例如线性规划或"下料问题"	118
H02J3/00	交流干线或交流配电网络的电路装置	112
G06K9/62	应用电子设备进行识别的方法或装置	104

8　大数据技术

针对近 5 年电力系统大数据技术相关专利进行分析，通过专利聚类词云图（见图 3-8）可以看出，近 5 年该技术的专利布局围绕如下主题：负荷预测，涉及历史运行数据、负荷辨识、人工智能与深度学习，以及预测模型等；电力数据，涉及数据的传输与集成，实时数据库及数据平台等数据治理，涉及关联分析、管控系统等；电动汽车充电，涉及用电信息监测、供电系统、智能控制等。

基于国际专利分类号（IPC）的电力系统大数据技术发明专利前 10 位技术方向如表 3-26 所示，可见其技术开发的主要方向为：电网运行管理及优化；远程控制；数据采集及处理；机器学习方法及模型。

图3-8　2018—2022年全球电力系统大数据技术发明专利关键词词云

表3-26　2018—2022年全球电力系统大数据技术发明专利主要技术方向

（基于IPC小组前10位）

IPC分类号	释义	专利族数量（项）
G06Q50/06	电力、天然气或水供应	2756
G06Q10/06	资源、工作流程、人员或项目管理；企业或组织规划；企业或组织建模	1257
G06Q10/04	专门适用于行政或管理目的的预测或优化，例如线性规划或"下料问题"	746
H02J13/00	对网络情况提供远距离指示的电路装置，例如网络中每个电路保护器的开合情况的瞬时记录；对配电网络中的开关装置进行远距离控制的电路装置，例如用网络传送的脉冲编码信号接入或断开电流用户	539
G06K9/62	应用电子设备进行识别的方法或装置	510
G06F16/2458	特殊类型的查询，例如统计查询、模糊查询或分布式查询	409
G06N3/08	学习方法	395
G06N3/04	体系结构，例如互连拓扑	308
G06Q10/00	行政；管理	290
H02J3/00	交流干线或交流配电网络的电路装置	288

9　人工智能技术

　　针对近5年电力系统人工智能技术相关专利进行分析，通过专利聚类词云图（见图3-9）可以看出，近5年该技术的专利布局围绕如下主题：人工智能及机器学习方面，主要关注深度学习、强化学习、神经网络、注意力机制等；安全防护，包括运行数据、故障预测、实时监控、智能运维等；协调优化，包括能量管理、负荷预测等。

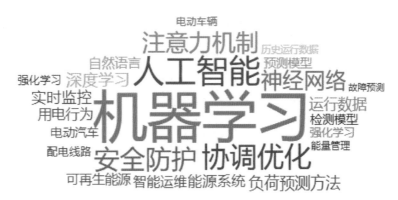

图 3-9   2018—2022 年全球电力系统人工智能技术发明专利关键词词云

基于国际专利分类号（IPC）的电力系统人工智能技术发明专利前 10 位技术方向如表 3-27 所示，可见其技术开发的主要方向为：机器学习，包括神经网络拓扑结构，以及使用机器学习方法进行设计优化、验证及模拟；预测及优化，包括对负荷、功率、市场价格等各方面的预测优化；电网数据的监测识别，以及配电网络远程控制。

表 3-27   2018—2022 年全球电力系统人工智能技术发明专利主要技术方向

（基于 IPC 小组前 10 位）

IPC 分类号	释义	专利族数量（项）
G06N3/08	学习方法	6376
G06Q50/06	电力、天然气或水供应	5852
G06N3/04	体系结构，例如互连拓扑	5303
G06Q10/04	专门适用于行政或管理目的的预测或优化，例如线性规划或"下料问题"	3231
G06K9/62	应用电子设备进行识别的方法或装置	2720
G06Q10/06	资源、工作流程、人员或项目管理；企业或组织规划；企业或组织建模	1896
H02J3/00	交流干线或交流配电网络的电路装置	1818
G06N20/00	机器学习	1707
G06F30/27	使用机器学习，例如人工智能、神经网络、支持向量机	1311
H02J13/00	对网络情况提供远距离指示的电路装置，例如网络中每个电路保护器的开合情况的瞬时记录；对配电网络中的开关装置进行远距离控制的电路装置，例如用网络传送的脉冲编码信号接入或断开电流用户	1011

10 区块链技术

针对近 5 年电力系统区块链算技术相关专利进行分析，通过专利聚类词云图（见图 3-10）可以看出，近 5 年该技术的专利布局围绕如下主题：电力数据，涉及数据管理系统、数据安全、去中心化等；能源交易，包括电力交易、区块链账本、身份认证、电力系统安全、共识方法等；电动汽车相关，涉及数据共享、电力共享、数据安全等方面。

图 3-10　2018—2022 年全球电力系统区块链技术发明专利关键词词云

基于国际专利分类号（IPC）的电力系统区块链技术发明专利前 10 位技术方向如表 3-28 所示，可见其技术开发的主要方向为：电力交易管理及支付协议；数据传输及控制等；安全防护，涉及数据完整性保护、用户身份校验、网络安全协议等；交流配电网络。

表 3-28　2018—2022 年全球电力系统区块链技术发明专利主要技术方向

（基于 IPC 小组前 10 位）

IPC 分类号	释义	专利族数量（项）
G06Q50/06	电力、天然气或水供应	1116
G06Q40/04	贸易；交易，例如股票、商品、金融衍生工具或货币兑换	453
G06F16/27	在数据库间或在分布式数据库内的数据复制、分配或同步；其分布式数据系统结构	348
G06Q20/38	支付协议；其中的细节	320
G06F21/64	保护数据的完整性，例如使用校验和、证书或签名	307
H04L9/32	包括用于检验系统用户的身份或凭据的装置	288
G06Q10/06	资源、工作流程、人员或项目管理；企业或组织规划；企业或组织建模	267
H02J3/00	交流干线或交流配电网络的电路装置	192
H04L29/08	传输控制规程，例如数据链级控制规程	185
H04L9/40	网络安全协议	185

3.2.4 小结

本节基于发明专利数据，利用文献计量方法对全球和中国电力系统 10 大关键数字技术进行分析，揭示电力系统数字化领域的技术开发态势。主要结论如下：

（1）基于发明专利申请量的技术开发活跃度研究发现，近 20 年全球电力系统关键数字技术开发持续增长，近 5 年加速发展，专利申请数量占近 20 年总量的 62.5%。其中数字孪生、边缘计算和区块链技术近 5 年专利申请量占近 20 年总量的九成以上；而传感器、人工智能和物联网技术专利申请数量居前三位。近 5 年，数字孪生和边缘计算技术的专利申请增势迅猛，增速分别达到 118.5% 和 83.5%，而移动互联网和传感器专利申请量出现负增长。

（2）中国在近 5 年是全球电力系统关键数字技术发明专利的主要贡献国家，专利申请量占到全球的 71.3%，尤其是大数据技术占比高达 91.1%。人工智能是中国开发最为活跃的技术，占 10 项技术总体专利申请总量的三成以上；数字孪生技术专利增长最快，CAGR 值高达 205.1%。基于高价值专利申请量，分析中国核心技术竞争力情况发现，中国有 8 项技术的高价值专利申请量超过全球的 50%，但中国所有技术的高价值专利产出率均低于全球水平，还需进一步加强对核心技术的开发，强化重点专利布局。

（3）基于关键词聚类和 IPC 分类分析可知，全球电力系统关键数字技术重点布局方向集中在电力系统运行监控、优化调度、安全防护、电力交易等方面。其中，物联网技术重点布局系统运行监控、物联终端、人工智能应用等；5G 技术热点方向包含远程监控、智能管理等；云计算技术聚焦于电力数据及交易等；数字孪生技术开发重点在于仿真模型、运行监控及优化调度等；传感器技术重点布局传感材料器件、电气量传感器、设备状态监测等；移动互联网技术热点布局方向是电力互联网、分布式发电及电动汽车充电、运行控制、新型商业模式等；边缘计算聚焦于计算技术、负荷预测、运行监控等；大数据技术重点布局负荷预测、远程控制、运行优化、机器学习模型等；人工智能技术开发关注深度学习算法、安全防护及智能运维、负荷预测等；区块链技术聚焦于电力数据及交易、电动汽车、安全防护等。

Chapter 4

电力系统数字化
发展趋势及建议

数字化是实现电力系统低碳、安全、高效转型的必然选择。推动能源系统数字化，尤其是电力系统数字化已成为全球促进能源转型的共识。2022年10月，欧盟《能源系统数字化行动计划》提出建立更智能、更具交互性的能源体系，投入1700亿欧元支持电网数字化；2023年3月《国家能源局关于加快推进能源数字化智能化发展的若干意见》指出要推动数字技术与能源产业发展深度融合，有效提升能源数字化智能化发展水平。在构建新能源占比逐渐提高的新型电力系统过程中，电力系统的形态和特征将发生革命性的变化，大规模可再生能源的接入将对电网的安全稳定运行带来极大挑战，通过提高数字化智能化水平保障电力系统运行的可靠性和效率，是新型电力系统建设的必然要求。

本章综合分析国内电力行业和数字化领域10位知名专家的意见建议，对新型电力系统数字化发展趋势与中国发展思路进行总结，以期为我国谋划新型电力系统数字化发展路径提供参考。

4.1 发展趋势

（1）新型电力系统数字化仍处在上升期，电力与数字化深度融合的空间仍然巨大。

1）数字化、智能化贯穿源网荷储全环节。新型电力系统背景下，数字技术逐步覆盖源网荷储全环节，构建新型电力系统在信息空间的完整映射，支撑系统具备更大范围的资源配置能力、灵活调节能力、安全管控与保障能力和快速响应能力，并满足碳排放、碳交易、信用等级评估、城市治理等多元化的外部需求。数字技术灵敏感知和实时洞悉电力系统全环节全要素，精准控制生产运行，智能调节用户行为。

2）电网末端的数字化成为新型电力系统数字化的新"蓝海"。配电网和用户侧的资源、技术和市场主体呈现越来越多元化和分布化的趋势，也是电力低碳转型与数字化技术应用相互成就的重要场景。随着智能配电网的建设及分布式新能源的广泛接入，实现电网末端"最后1公里"的数字化，成为源荷互动的基础，也将成为电力系统数字化的重要领域。

3）海量电力数据催生数据资产化，并带来网络安全挑战。随着电力物联感知网络的不断健全，以及越来越多的传感器的广泛接入，电力系统将产生海量实时数据。通过各类融合分析手段，电力数据将成为相关部门的重要战略资产，数据价值的提升也将直接推动电力数据中心的规模化建设，并催生电力数据交易市场。与此同时，海量数据的安全存储与访问以及免受网络攻击的安全防护也面临严峻挑战。

（2）电力系统数字化的应用场景将更加广泛，智能调控、用户侧数据交互等成为典型应用场景。

1）电网智能调控场景。通过数字化技术实现对电力系统的智能调度和控制，提高电力系统的运行效率和安全性，是电力系统数字化最关键的应用场景之一。

2）新能源场站等一体化场景。基于智慧物联技术，新型电力系统需要构建能源工业互联网，将发、输、变、配、用电侧的各种资源深度融合。智慧电站特别是智慧新能源场站，有助于实现更大范围、更灵活的"水火风光储一体化"。

3）虚拟电厂等需求响应场景。虚拟电厂将基于能源互联网的智能技术，感知不同用户的用电需求弹性差异，并据此优化调配电量。电厂本身兼具发电与用电属性，将改变传统电网单向逐级流动的模式。虚拟电厂通过数字技术实现对分布式能源的虚拟集成，形成需求侧响应机制，促进源网荷储资源的市场化配置，提高能源的整体利用效率。

4）智能家居与智慧城市等智慧用能管理场景。数字化技术将促进分布式能源和微电网的发展，实现能源的分散化和个性化管理，提高能源利用效率和能源安全水平。电力系统数字化将紧密结合智能家居和智慧城市的发展，通过数字技术帮助用户实现集成能源管理，提高居民生活质量和能源使用效率。利用新一代数字技术还能整合、共享企业内外部资源，与能源、交通、金融等行业泛化互动，促进城市能源服务体系构建，为智慧城市提供能源供给保障，引导能源在城市中的合理布局，提升清洁能源供给能力，提升能源管控和应急处置能力，预防和降低能源灾害，实现智慧城市对能源安全、绿色环保、安居乐业的要求。

5）V2G等智能储能场景。为适应新能源占比逐渐提高的新型电力系统，需推进多种形式的储能建设，如分布式电池储能、氢能等，新能源汽车成为未来在储能领域规模和影响力不弱于化学储能和抽水蓄能的重要储能设施。通过充换电设施与供电网络相连，可有效发挥动力电池作为可控负荷或移动储能的灵活性调节能力；充电桩也不仅只是为电动车充电，还兼具能源汇集和调度、自动支付、技术升级和信息服务等功能。

4.2　发展建议

在能源革命和数字革命双重驱动下，提高电网数字化智能化水平是数字经济发展的必然要求，也是构建新能源占比逐渐提高的新型电力系统，促进能源清洁低碳转型的现实需要。数据已经成为基础性、战略性生产要素，数字赋能能源电力行业呈现加速趋势。新型电力系统的数字化赋能将呈现数字与物理系统深度融合的特征，以数据流引领和优化能量流、业务流，以数字技术为电网赋能，促进源网荷储协调互动，增强电网气候弹性、安全韧性和调节柔性，推动电网向更加智慧、安全、环保的能源互联网升级。

（1）针对传感器、人工智能、大数据、数字孪生、云计算、边缘计算等数字技术，未来应进一步深化这些数字技术在新型电力系统中的应用，对其发展方向建议如下：

1）传感器向高精度、小型化、智能化方向发展。电力领域传感技术已由单点突破向系统化、体系化的协同创新转变。新型电力系统对信息感知的深度、广度、频度、密度和精度提出了更高要求，对传感器的需求爆发式增长。未来电力传感器将实现"最小化精准采集＋数字系统计算推演"，构建"电网—设备—用户"的多维协同感知量测体系，支撑新型电力系统的全面感知和高度智能化运行。一是实现高精度与高可靠性。集中攻坚先进敏感材料及元器件、微纳芯片、超低功耗传感网络等电力传感基础理论及电网规模化应用技术。二是注重集成化与小型化。着重研发更小型、集成多种测量功能于一体的电力传感器，尤其应用于高海拔输电线路、地下输电管廊、换流站等空间严重受限、环境条件恶劣的场景。三是实现智能化与自诊断。加强传感器的智能化，集成边缘计算，数据源端可进行数据处理和分析，提供预测维护和故障诊断的功能。四是实现低功耗与自供能。降低传感器功耗，增强续航能力的需求将会日趋强烈。开发自供能电力传感器，利用环境能源，如射频、振动、热能、太阳能等，减少或消除对外部电源的依赖。由基本需求到高级需求，以高精度、物联化、智能化、自供电、微型化为功能需求切入点，研发全系列小微智能传感器。

2）人工智能技术构建以"数据驱动"+"机理驱动"为主导的电力人工智能融合理论与应用范式，积极开展前沿应用方向研究。目前人工智能技术面临的主要问题是极端样本少，安全性、置信度要求高，机理丰富、需要动态适应场景等问题。未来需加强大数据智能、跨媒体感知计算、人机混合智能、群体智能、自主协同与决策等基础技术理论的研究，形成接近人类智能的混合增强智能体系，将其运用至新型电力系统的建、运、检、修、服务等各大业务场景，利用人工智能大模型提高分析决策能力。此外，在前沿应用方向，建议针对可能引发人类智能变革的方向，对新型电力系统的场景分析布局高级机器学习、类脑智能计算等跨领域技术研究，建立高效计算和量子算法混合模型，搭建新型电力系统营运高效、精确、自主的人工智能电力系统架构。

3）大数据技术着力研究多源异构特征数据模型、海量实时高并发数据库技术以及全生命周期数据安全保护技术。电力数据的准确性、便捷性极大地影响输配协同、源网荷储协同、虚拟电厂、多元负荷管理、碳市场交易等，迫切需要解决电力数据有效应用的问题。一是研究多源异构特征的数据模型。基于面向服务架构的电力大数据多源异构融合架构，将不同业务部门数据以统一标准和接口封装为服务，通过调用服务完成不同需求，实现多源异构数据的融合。二是研究海量实时高并发的数据库技术。建立图数据库，利用图计算技术，解决新型电力系统多源信息管理在数据融合、复杂关联分析等方面的性能问题，提升计算效率，提供电网全局在线仿真分析和控制策略研究的新方案。三是研究全生命周期数据安全保护技术。在数据资源资产化管理方面，引入智能识别技术，通过构建电力数据识别模型挖掘数据隐式关系，研究关键数据的甄别方法和保护策略。在多主体交互方面，针对电力市场数据共享发布、现货交易科学研究、政府监管等应用场景，加强交易数据隐私防泄露，建议在同态加密、安全多方计算和联邦学习、数据匿名化、数据脱敏、差分隐私等技术方面寻求突破。

4）数字孪生技术重点突破物理虚拟实时映射、高保真仿真推演、智能决策反馈等技术。新型电力系统需要获取电力系统状态、运行、控制、用能等方面数据、模型信息，形成对物理电力系统的全面精准映射和关联，为人工智能闭环作用于物理电力系统创造交互条件，才能激活人工智能技术应用价值。数字孪生作为核心技术基础，依赖于物理到数字的精准映射，实现对物理系统的数字描述。此外，在源网荷储高效协同的目标下，要解决复杂多元泛化跨空间动态时序逻辑的精准真实映射问题，需要大连接、高带宽、低时延并行驱动，这也对传感器、网络通信技术提出了较高的要求，需要在物联网、5G、实时数据处理等方面进行重点攻关，实现电力设备状态实时监测、电力设备的自动修复和远程控制，提高电力设备的运行效率和可用性。在开发数字孪生技术的同时，应考虑技术的成本，可以试点示范方式进行。

5）云边协同方面应注重云边资源利用、模型轻量化设计以及专业大模型应用。一是在云边协同方面加强深度融合，实现计算资源的弹性配置。云端强大计算能力逐步向边缘设备延伸，形成多层次的计算架构。建议研发智能决策算法，引入自适应调度算法，使云端和边缘设备能够根据任务的性质和时效性智能调配计算资源，实现电力系统对大数据处理和实时决策的高效支持。二是注重深度学习模型的轻量化设计，适应边缘计算设备的有限资源。建议采用参数剪枝、模型量化、知识蒸馏等技术，减小模型参数量，提高在资源受限设备上的运行效率。推动研发适用于边缘计算的模型架构，以实现电力系统在边缘设备上的实时决策和预测。该路径将促进电力系统在有限计算资源下的高效运行，满足实时性要求。三是加强对大规模深度学习模型的研发。电力系统的复杂性要求更准确的建模和仿真，建议结合领域专业知识，实现模型的高准确性，推动多模态信息融合，将图像、文本、传感器数据等多源信息有机结合，增强对电力系统复杂场景的建模和仿真能力，以更准确地处理电力系统的复杂场景，提高系统的智能化水平。

（2）新型电力系统离不开数字化技术的支撑，数字化是新型电力系统的重要特征之一。对于新型电力系统数字技术发展路径和系统集成的建议如下：

1）基于数字技术平台建立大型软件系统，服务电网智能运行。当前我国关键数字技术基础较薄弱，精密传感器、操作系统、工业软件、数据库、开源平台等核心技术对国外依赖严重，需要集中力量攻克关键核心技术"卡脖子"问题，重点突破智能电气设备和工业软件等相关核心技术；加强大型工业软件技术的研究，海量传感数据首先汇集到分布式边缘智能终端进行加工处理，然后进一步汇集到云端驱动各类应用，形成包含复杂系统架构、云计算、前端人机交互、后端高性能计算、中台数据汇集与应用驱动以及各类业务场景具体应用的巨型软件系统；充分运用"云大物移智"等数字技术，建设云平台、大数据平台、物联网平台和人工智能平台等基础性技术平台，构建业务、数据和技术平台，打造客户服务平台、调度运行平台、电网管理平台和运营管控平台等电网业务平台，支撑电网设备和系统的自动智能运行，为电网提供强大的软件系统。在软件系统上开展人工智能关键算法和核心模型研究，并在此基础上逐步开发其他技术，带动大数据、人工智能、自动化等相关领域产业升级。

2）瞄准电力系统转型发展的具体堵点，提出解决问题的系统集成方案。电力系统的特征不仅体现在传统的电源、电网、负荷，而是将电力生产消费系统与经济社会系统、碳系统、数字信息系统相互交织、高度融合，这意味着单一化的数字技术以及作用单一环节的数字技术，都不能涵盖当前新型电力系统建设的需求，必须在更加系统化、交互化的总体视角下，研究数字技术与业务的融合、"源网荷储碳数智治" 8 大要素以及系统平衡之间的技术，研究电力市场与碳市场、能源数据市场等多个市场之间的交互关系，研究数字孪生与电力系统安全、模拟仿真等方面的互动技术等，提出系统化的数字技术集成解决方案，以期解决新型电力系统的具体问题。

Chapter 5

总结与展望

5.1 总结

在新型电力系统的建设过程中，传统电力结构、技术特征、运行机制、发展模式等发生革命性的变化，在此基础上将催生大量新技术、新模式、新业态。开展面向新型电力系统的数字化前沿分析，是响应国家能源领域数字化转型，推进能源电力高质量发展和数智化坚强电网建设的战略选择，也是探索数字技术在新型电力系统中的应用并推动其与电网技术深度融合的现实需要，有助于了解和掌握国内外电力系统数字化前沿发展动态，为新型电力系统数字技术的研究布局提供新视角和新思路。

本报告凝练了新型电力系统对数字化的新要求，提出了新型电力系统数字化的内涵，总结了国内外能源电力系统数字化发展历程，对 10 大关键数字技术发展态势做了全面梳理与展望，为如何应用数字技术更好支撑新型电力系统发展提供了具体借鉴，也为我国新型电力系统数字化指明了发展方向。主要结论总结如下：

（1）数字技术已成为引领全球能源产业变革、实现创新驱动发展的源动力，相关技术研发加速发展。纵观国际能源数字化格局，能源正逐步向低碳化、清洁化、分散化和智能化转型。美国、日本、欧盟和中国都围绕低碳减排目标，提出了能源系统绿色转型的具体政策，包括电力系统的数字化转型战略布局。全球电力系统关键数字技术正处于加速发展期，近 5 年的发文量超过近 20 年总量的 60%。中国在全球电力系统关键数字技术研究方面发挥着举足轻重的作用，贡献了近 5 年全球 40.2% 的研究论文和 71.3% 的发明专利。

（2）人工智能是实现电网智能化的关键技术，未来发展潜力巨大。人工智能作为快速发展的技术，一直受到较多关注。相关技术的全球发文量大幅领先于其他技术，近 20 年和近 5 年分别占所有技术发文总量的 63.8% 和 65.1%。同时，人工智能也是中国电力系统关键数字技术研究最高产的领域，占所有技术发文量的 64.3%，占全球人工智能技术发文总量的 39.7%。前沿主题聚焦于电力系统的负荷以及发电预测、故障诊断等，技术开发侧重深度学习算法、安全防护及智能运维、负荷预测等。未来人工智能技术的发展将以"数据驱动"＋"机理驱动"为主导，围绕算法理论、数据集基础、人机协同机制等方面进行研究。

（3）传感器、5G、物联网、云计算、大数据、移动互联网等作为成熟应用技术，未来发展趋势以智能化和融合应用为主。除传感器、移动互联网以外，大部分技术在近10年才开始起步，在近5年内飞速发展。其中，传感器和物联网技术的发文量仅次于人工智能；中国的移动互联网和5G技术研究在全球的影响力相对较高。物联网、大数据的前沿主题集中于电力系统运行优化、电网安全；5G、移动互联网和传感器的前沿主题关注电网运行监控、信息安全；大数据和移动互联网的前沿主题还集中在网络安全以及数据的安全防护；传感器、物联网的前沿研究还涉及故障诊断；云计算的前沿研究集中于电力系统规划设计、能量管理、需求管理、电力交易等方面。目前我国75%以上的高端传感器依赖进口，未来有望实现5G与传感器技术、云计算与物联网技术、云计算与人工智能技术、5G与大数据、云计算、人工智能等技术的深度融合，赋能能源电力产业转型升级。

（4）区块链、数字孪生、边缘计算作为新兴发展技术，近5年内飞速发展，未来发展有赖于技术突破。全球电力系统关键数字技术开发近20年持续增长，近5年加速发展，其中数字孪生、边缘计算和区块链技术近5年专利申请量占近20年总量的九成以上，且数字孪生和边缘计算技术的专利申请增速分别达到118.5%和83.5%，增势迅猛。目前区块链和数字孪生技术受限于应用场景和技术难点，在电力行业应用尚处于探索期。未来配合数据资产的交易、确权、登记、评估等工作，区块链技术将有可能在电力数据要素市场中发挥重要支撑作用，可被应用到新能源消纳、电力交易等业务领域；数字孪生技术有望在数字化建模、感知互动、仿真计算、智能诊断等方面拓展应用；通过提高电力系统的效率和稳定性，优化能源采集和利用，边缘计算有助于电力能源行业实现更高效、更安全、更环保的运营模式，推动智能化和可持续性发展。

（5）从数字技术的应用场景来看，电力系统发、输、变、配、用和市场全业务场景均得到数字技术的支持，未来电网智能化应用场景将会更加丰富。数字技术的广泛应用能够实现对海量设备的电气量、状态量、物理量、环境量、空间量、行为量的全方位感知，通过大数据分析、数字孪生、人工智能等数字技术手段，有效提升了新能源发电出力预测精度、电网运行调控智能水平、变电站及储能电站的运行维护能力，同时激活用户侧资源灵活互动能力，实现终端用户数据的广泛交互、充分共享和价值挖掘，支撑各类用能设施高效便捷接入，保障各类市场主体的互动与灵活交易。从发展趋势看，在智能配电、智能计量、智能监控、智慧储能、智能充电等现有场景的基础上，未来应用场景将继续扩大到源网荷储全环节以及输配电系统运营商和系统用户交互作用等各领域。

5.2 展望

随着新一轮科技革命和产业革命的加速兴起，数字化智能化技术与能源行业进一步结合，成为引领能源电力行业数字化转型、实现创新驱动发展的原动力。在新型电力系统未来的发展趋势方面，将需进一步系统性推动电网向能源互联网转型升级，充分利用 ICT（Information and Communications Technology）数字技术改造提升传统电网，通过数据流承载业务流，基于伴生数字电网，实现物理电网全景感知、智能大脑计算推演、与物理电网融合智能互动，满足以能源流为核心的源网荷储碳协同互动。通过业务流、数据流、能源流的有机统一，推动价值流不断涌现再造，带动行业上下游产业链协同发展，具体见图 5-1。

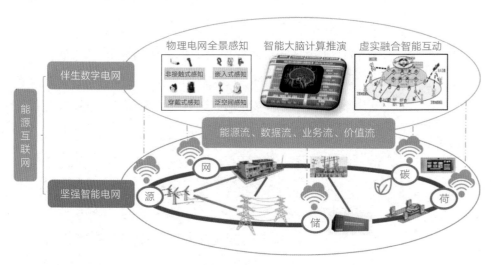

图 5-1　新型电力系统数字化应用体系

在未来形态特征方面，融合应用"大云物移智链"等新型数字技术、先进信息通信技术、先进控制技术，建设新型数字能源基础设施，促进新型电力系统能量流和信息流的深度融合，赋能电网生产、调度运行等典型业务场景，新型电网将呈现气候弹性强、安全韧性强、调节柔性强、保障能力强四大特征。

（1）气候弹性强。依托电网一张图、企业级气象数据服务中心等基础平台，建立起电网生产运行和气象环境的智能交互，具备高精度气象灾害预测预警能力；灾害主动防御、新能源发电集群协同控制等手段不断丰富，实现极端气候条件下电网运行风险的推演分析、智能决策、积极防御和快速恢复，主动应对气候变化的潜在影响和长期风险。

（2）安全韧性强。大电网规模合理、结构坚强，局部电网具备极限生存和自治运行能力，在系统物理结构层面实现应对极端事件及未知风险的本质安全；以短中长周期相配合、集中分散布局相结合的充足能源储备，形成覆盖全时间尺度、全空间维度的综合安全防御体系，在系统充裕性层面实现极端故障、外部干扰下的用能用电持续可靠及快速恢复。

（3）调节柔性强。以新型数字化技术、先进信息通信技术为有效手段，实现电网运行状态、设备参数、外部环境等多要素数据收集及融合分析，实体电网数字呈现、仿真推演和智能决策水平进一步提升；依托海量数据和超强算力，实现源网荷储各侧资源灵活高效配置和协同互动运行，多元化用户与电网双向能源信息充分交互，推动多能互补联合调度、源网荷储协调互动。

（4）保障能力强。电网架构科学、布局优化、衔接有序，高比例新能源外送能力、多直流馈入能力、分布式新能源并网能力持续提升；电源侧形成多品种多层次能源供给体系，电网侧构建更加安全的网络防御屏障，负荷侧提升用户风险识别与故障排查抢修能力，实现电力系统运行状态全景监测、海量资源精准控制，全面保障电力可靠供应。

在预期重点技术发展趋势方面，主要聚焦于电网物联感知体系统筹建设、空天地一体化网络加快形成、能源全环节多尺度计算推演、电网生产运行虚实融合互动、新型电力系统网络安全保障 5 个方面。

1　电网物联感知体系统筹建设

提升电网状态感知水平，全面盘活电网资产。加快开展物联感知体系架构、传感监测装置、网络层协议、应用信息模型等标准的制修订，推动新型电力物联感知体系标准化。统筹开展感知设备科学布局，实现对电源侧、电网侧、负荷侧、储能侧的电气量、状态量、物理量、环境量精准布点。充分利用人工智能计算推演能力，实现对最小化规模部署情景下的感知状态补齐。加快开展物联管理数字平台的全面应用，实现深度感知与数据共享。合理利用边缘计算技术，在对小规模数据完成预处理后，通过云边协同，全面提升大规模数据处理的时效性，降低系统通信带宽需求。

2 空天地一体化网络加快形成

打通电网感知中枢神经，形成空天地一体化感知网络。加快构建包括传统的地基网络、以北斗为代表的卫星构成的天基网络以及飞行器构成的空基网络，在综合网络系统的协调控制之下，形成"任何时间、任何地点、永远在线"的全时空通信网络，满足多元物联设备即时通信的需求，保障源荷广域实时互动、偏远地区新能源场站接入、应急抢修指挥、综合管廊数据传输等电力场景有序开展，实现通信能力全国覆盖、随遇接入、按需服务、安全可靠。

3 能源全环节多尺度计算推演

利用 ICT 技术全面赋能电网规建运，研判全环节挖潜增效能力。构建数字孪生推演平台，叠加气候气象、宏观经济等数据，以及人工智能和"电网一张图"等基础服务，打造电力系统全环节、多尺度智能计算推演大脑，通过计算推演引擎的自主计算，预测运行态势，获得演化轨迹，实现自演进、自学习、自进化，满足系统级与设备级运行态势、电力系统潮流、设计规划模拟等智能化计算推演业务需求。

4 电网生产运行虚实融合互动

以业务流与数据流融合为基础，推动价值流不断涌现。在电源侧，实现集中式场站与分布式光伏接入精益化管控、电能质量监测与智能治理、多元储能状态统筹监控与智能调度等；在调度侧，实现调度全时空全景监视与智能化预警、调度生产作业全面智能化、系统运行方式及检修计划智能编排、调度计划方案智能优选与联动分析等；在输电侧，实现线路状态实时感知与智能诊断、自然灾害全景感知与预警决策、空天地多维融合协同自主巡检、线路检修智能辅助与动态防护、高压电缆全息感知与智能管控等；在变电侧，实现变电站主辅设备全面监控、倒闸操作一键顺控、变电站智能巡检、变电站智能管控、变电设备缺陷主动预警、变电设备故障智能决策等；在配用电侧，实现配电网承载力科学评估、源网荷储协同互动、配电网与微电网智慧协同、网荷实时互动与虚拟电厂即时参与的可调节负荷资源池构建、综合能源交互响应与互补互济等。

5 新型电力系统网络安全保障

构建面向新型电力系统的全场景智能安全防御体系，推进网络安全业务深度应用，自主研发集态势感知、安全管理、服务中台等于一体的全场景安全态势感知平台，研发自主可控边界防御与数据安全管控装备，建成新型电力系统统一密码服务平台，实现基于人工智能的网络安全自动化攻防，实时感知全网受攻击状态，实现协同反馈防御模型及攻击主动抑制，为电力数据资产提供全生命周期保护，提升伴生数字电网环境下的网络内生安全水平。

参考文献

[1] 辛保安 . 新型电力系统与新型能源体系 [M]. 北京：中国电力出版社 ,2023.

[2] 国家电网有限公司 . 新型电力系统数字技术支撑体系白皮书（2022 版）[M]. 北京：机械工业出版社 ,2022.

[3] 唐跃中 . 数字化电网若干关键技术研究 [D]. 杭州：浙江大学 ,2010.

[4] 苏盛 . 数字化电力系统若干问题研究 [D]. 武汉：华中科技大学 ,2009.

[5] 袁智勇 , 肖泽坤 , 于力 , 等 . 智能电网大数据研究综述 [J]. 广东电力 ,2021,34(1):1-12.

[6] 熊刚 . 社会物理信息系统 (CPSS) 及其典型应用 [J]. 自动化博览 ,2018,35(8):54-58.

[7] XUE Y S, YU X H. Beyond smart grid cyber-physical-social system in energy future[J]. Proceedings of the IEEE,2017,105(12):2290-2292.

[8] 李鹏 , 习伟 , 蔡田田 , 等 . 数字电网的理念、架构与关键技术 [J]. 中国电机工程学报 ,2022,42(14):5002-5016.

[9] 新型电力系统发展蓝皮书编写组 . 新型电力系统发展蓝皮书 [M]. 北京：中国电力出版社 ,2023.

[10] 高骞 , 杨俊义 , 洪宇 , 等 . 新型电力系统背景下电网发展业务数字化转型架构及路径研究 [J]. 发电技术 ,2022,43(6):851-859.

[11] 江秀臣 , 许永鹏 , 李曜丞 , 等 . 新型电力系统背景下的输变电数字化转型 [J]. 高电压技术 ,2022,48(1):1-10.

[12] 腾讯研究院 , 清华大学能源互联网创新研究院 . 城市能源数字化转型白皮书 [EB/OL]. (2023-06-29) [2023-10-16]. https://download.s21i.faiusr.com/13115299/0/1/ABUIABA9GAAg8vCKpQYo9p_okQI.pdf?f=2023%E5%9F%8E%E5%B8%82%E8%83%BD%E6%BA%90%E6%95%B0%E5%AD%97%E5%8C%96%E8%BD%AC%E5%9E%8B%E7%99%BD%E7%9A%AE%E4%B9%A6.pdf&v=1688385651.

[13] David M. Anderson,Michael CW Kintner-Meyer, Gian Porro, etc. Grid Modernization Metrics Analysis[EB/OL]. (2021-08-20) [2023-08-20]. https://gmlc.doe.gov/sites/default/files/2021-08/GMLC1.1_Vol1_Executive_Summary_ackn_draft.pdf. https://gmlc.doe.gov/sites/default/files/2021-08/GMLC1%201_Reference_Manual_2%201_final_2017_06_01_v4_wPNNLNo_1.pdf.

[14] The National Energy Technology Laboratory. A COMPENDIUM OF MODERN GRID TECHNOLOGIES [EB/OL]. (2009-06-30) [2023-08-20]. https://www.netl.doe.gov/sites/default/files/

Smartgrid/Compendium-of-Modern-Grid-Technologies.pdf.

[15] The National Academy of Science Engineering Medicine. The Future of Electric Power in the United States [EB/OL]. (2021-02-1) [2023-08-20]. https://nap.nationalacademies.org/resource/25968/RH-grid.pdf.

[16] Beril Alpagut, Dr. Xingxing Zhang, Andrea Gabaldon, Dr. Patxi Hernandez. Digitalization in Urban Energy Systems, Outlook 2025, 2030 and 2040 [EB/OL]. (2022-06-21) [2023-08-20]. https://cinea.ec.europa.eu/system/files/2022-06/HZ0922181ENN.pdf.

[17] P. Vingerhoets, M. Chebbo, etc. The Digital Energy System 4.0 [EB/OL]. (2016-01-01) [2023-08-20]. https://www.researchgate.net/publication/313904016_The_Digital_Energy_System_40.